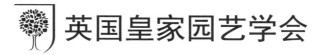

英国皇家园艺学会

家庭园艺手册

一部回答各类有趣问题的
园艺师指南

[英] 盖伊·巴特　著

燕子　译

中国科学技术出版社

·北　京·

目录

1 种子与植物

2 花与果

3 地表之下

4 天气、气候和季节

5 在花园里

■ 序言

　　你真的需要了解蚯蚓是怎样工作的吗？如果是这样，你会因此成为一名更出色的园艺师吗？我从事园艺咨询工作已有 20 多年了，一开始在《园艺种植》(*Gardening Which?*) 杂志工作，随后转至英国皇家园艺学会。对上述两个问题，我的回答是肯定的。在从事园艺活动中，你忙着松土、栽培、除草和剪枝，但思绪在自由翱翔。多数园艺师发现在劳动时自己脑海中总会闪现各种问题，其中有些很实际，有些则有点怪诞。如果不掌握土地结构、植物化学等一整套知识，很多问题你很难解答。

花园的启示

　　《家庭园艺手册》这本书深入浅出地回答了 129 个常见问题。尽管这些答案并不能立竿见影直接用于实际中的园艺工作，但你会发现它们会潜移默化地丰富你的园艺知识，为你提供有用的素材，供你日后借鉴。我们会告诉你为什么蜜蜂总是光顾某种植物，而另一种植物只吸引蝴蝶来访；树根会占据多大空间（它们是否会让你的房子倾倒）；因土壤不同，有些花朵的颜色会发生改变……花园让你从近处接触自然：植物、昆虫、土壤等都有自己的活动方式，它们既自成一体又与其他要素相互作用，所以即使在最小的空间里仍有大量活动正在进行。

◀ 可以说，绣球花是最好看的夏季灌木植物之一，但它们花朵的色彩取决于土壤条件。蓝色和粉色基将分别有助于生长出蓝色和粉色的花朵。

学得越多，你对后面介绍的花园里的世界就有更清晰的了解，同时也会更好地理解不同组成部分的工作情况，比如土壤里的蚯蚓、地面上的树叶以及二者之间相关的东西。

这就是外面的一处丛林

花园中并非所有东西都是美好的。你会不时在《家庭园艺手册》这本书中看到一些令人震惊的结论或描述，这足以让你用一种全新的视角观察自己的花园或其他任何栽种植物的地方。你家的花园表面上看打理得井井有条，显得很安静，甚至让人觉得平淡无奇。如果你不相信自然拥有锋利的牙齿和利爪，那么后面的内容将改变你的看法。顺便说一下，你知道鼻涕虫的舌头上长着牙齿吗？难怪这种虫子会让你战栗。地下到处弥漫着轻微的咀嚼声，上百万微小的生物咀嚼着比它们更小的生物；在地面之上，植物在复杂程度令人惊叹的"化学实验室"里忙碌着，确保自己的花

▲ 荷包牡丹（*Lamprocapnos spectabilis*）之前的正式名称是 Dicentra spectabilis。如果拥有植物名称背后的植物学知识，你就不会觉得这种称谓变化那么令人难以接受了。

朵最鲜艳、味道最迷人，足以在吸引昆虫追求者的激烈竞争中力压群芳。这场游戏的名字便是繁殖，在你的这座花园里，无情的居民们会想出各种策略以实现自己繁殖后代的目标。

通过《家庭园艺手册》这本书，你会发现任何花园都是一个内容更丰富、更有活力、更引人入胜的去处。不仅如此，这还能确保你甚至不用尝试就能提高自己的园艺技能。

A

快速回答

每个问题下面的"A"框里为你提供了尽可能简洁的非正式答案。请继续阅读主要内容，它们将为你提供更多素材和大量额外的细节。

种子与植物

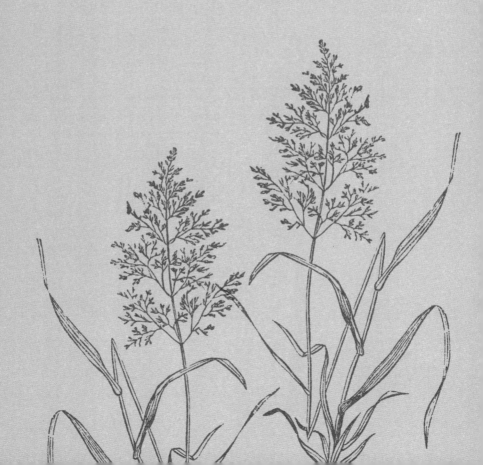

树木为什么如此高大？

与其他生物一样，植物的一生都在奋斗，长得越高大，就越可能脱颖而出，战胜竞争者。树木贪婪地攫取水分，树荫遮蔽了下面的空间，其他植物的生长将受到抑制。

如果某座花园被废弃，地面上先长出来的是一年生杂草，然后是多年生野草，接着是荆棘类植物。此后，长出的是白蜡树（*Fraxinus*）、桦树（*Betula*）、槭树（*Acer*）、北欧花楸树（*Sorbus aucuparia*）、松树（*Pinus*）、欧亚槭（*Acer pseudoplatanus*）和柳树（*Salix*）等小型先锋树种。相对而言，先锋类树木寿命较短（80年左右）。随着它们倒下去，更高大的树木开始占据优势地位，比如山毛榉（*Fagus*）、菩提树、椴树（*Tilia*）、橡树（*Quercus*）等。这些树木往往要用数百年才能长到最高尺寸，然后进入长时间的衰落时期。在花园里，人们尤其青睐那些较小型的先锋类树种，目前广泛种植的有桦树、槭树和柳树等。那些参天大树通常生长在公园或森林里。

生长空间

在一般人看来，树木都很高大，它们能遮住阳光，树枝沿着一个主干在距地面一定高度向四周生长。然而，植物体型的大小与水和营养密切相关。因此，在旱地、岩石和山地生长的往往是体型较小的植物，比如

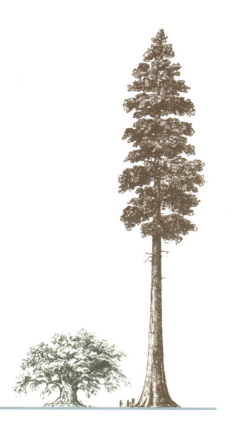

◀ 此外，遗传因素会影响树木生长的高度。无论给橡树（左图远处）浇多少水，它都不会长得与加利福尼亚红杉（左图）一样高大。

A 树木长得高大，就会遮蔽灌木和其他植物，从而确保自己在争夺阳光的竞争中胜出。

草、灌木和低矮植物，它们紧贴地面生长，具有鳞茎、球茎和块茎等。

为什么不会长得更高？

树长得越高就越会遭受风的破坏，其树干底部的受力就越大。为强化主干下部和树枝底部，相关区域的木料是树木顶部和树枝末端的8倍。在某些阶段，尽管可以遮蔽竞争者，但继续长高已经变得"不再划算"了。有研究表明，相较于比较平静的加利福尼亚山谷，在风多的欧洲，树木生长的临界点高度会更早到来。

适于种树的地方

有些土壤，尤其是黏土在干旱时会收缩。夏季，树木吸收水分时土壤会收缩。冬雨能恢复土壤墒情。尽管土壤会因此再次膨胀，但往往不能恢复至原有程度。土壤的萎缩随时间不断积累到一定程度时，会对附近房屋造成损害。在理想的情况下，你应尽量避免在房屋附近种树，如果在树木附近盖房时，须强化地基。

▶ 尽管根吸力和树叶的蒸腾作用能在一定程度上提升水分，但其作用也是有限的，因此在缺水的情况下，树木是很难长得更高的。

地衣是植物吗？

地衣的结构很特殊，是由藻类和真菌类构成，两者之间为互利共生关系。两者的结合催生出新的结构，其坚韧程度令人印象深刻。地衣生长在条件恶劣的地表或物体表面上，比如裸露的砖块或树干，而不够顽强的生物在这些地方往往是无法生存的。

因此，真正的植物应该具有哪些特征呢？字典提供的同时也是多数人接受的定义是：生活在土壤或水里的生物（有时也寄生在其他植物身上），通常有茎干、叶子、花朵和根系，通过种子进行繁殖。但该定义并未包括植物大家庭里大量特殊成员。在"植物"群体不仅有开花植物（被子植物），还有蕨类和针叶植物（裸子植物），以及不被人们关注的藻类、苔藓和叶苔。

藻类：环境的灵活朋友

尽管结构简单，藻类在环境中的重要性远不止其在苔藓形成过程中发挥的共生作用。而且，它们还在许多不同生态环境中发挥着关键作用。

▼ 地衣的高脚杯状的结构为子器柄，可产生孢子，典型的例子是石蕊属地衣，它们分布很广，尤其常见于树干上。

藻类是简单植物，而人们通常认为地衣不太像植物。真菌类和植物不一样，属于单独一个类别：两者结合产生了一个混合种，至今还无法简单进行定义。

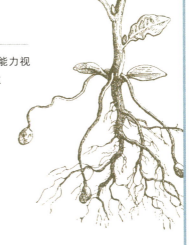

硅藻是常见于淡水和海水中的单细胞藻类，它们完成了全球 25% 的光合作用，是大气中氧气的重要来源。

比如，淡水和咸水中的大量海草属于藻类。在海洋中，自由浮动的微小藻类就是人们熟知的浮游植物，地球上超过半数的光合作用由它们完成。这就意味着，这些浮游生物在所有生命都赖以生存的氧气生产过程中发挥着关键性作用。

世界统治者

就广泛分布的栖息地集群而言，开花植物在生长和繁殖方面掌握着获胜秘方，其他植物则相形见绌。比如在开花类植物中仅豆科植物就有大约 1.8 万种，与此形成对照的是，在世界分布广泛的整个蕨类家族，则仅有 1.2 万种左右。

根系：成功的秘密

如果你把某种植物跻身不同栖息地的能力视为成功的标志，那么让特定种类植物具备这种能力的财富又是什么呢？根系是一个重要因素：它能让植物从地表下吸取水分，从而长得更高大，而且自身也能在地下展开并延伸至新领地。那些没有根系的植物，比如苔类植物和藓类植物，则处于劣势低位：它们不能深入地下，仅依靠地表水扩展自己的领地。这种方式在雨量充沛的湿润地区效果很好，但在干旱情况下则乏善可陈。

土豆的根系

植物种类有多少？

世界上有多少种植物？这个问题一直困扰着人们，甚至专家也各执一词，我们对此不应感到惊讶。

"国际植物名称索引"（The International Plant Names Index）是皇家基尤植物园、哈佛大学植物标本馆和澳大利亚国家植物标本馆于 2016 年共同完成的一个数据库，并获得了国际认可，里面收集了 1642517 个植物名称。此外，该数据库还在不断扩大，仅在 2018 年又新增了 18453 个植物名称。

但这一切并非像我们看到的那样，人们普遍认为这个数据库估计过高（包括开花植物、种子植物、蕨类植物和苔藓植物），原因是很多植物有不止一个名字。

可栽种植物的数量

如果这些数字太大而无法计算，你也不必过虑，可以放心地在皇家园艺学会的在线植物查找器上的 7.5 万种植物中查找。另外，园艺师们可以从中购买心仪的植物并在自己的土地上种植。

另外，基尤植物园与密苏里植物园共同推出了另一本资料《植物名录》，里面收录了带有输水管脉的植物、开花植物、针叶植物和蕨类植物，计有 35 万个已被广泛接受的植物名称。

那么，哪一个更准确呢？也许《植物名录》更接近实际。一直以来，人们在不断发现新植物，所以你可以很安全地额外加上 5 万个并宣称总数约为 40 万个。

植物种类也许在 35 万至 150 多万之间。数据听起来确实很模糊，但这是有原因的。

新植物是怎样用其他植物组织培养出来的？

　　每一粒种子都有变成一株新植物的潜能，因此繁殖植物的最普遍方式就是播撒种子。然而，园艺师们成功地从许多类型的植物身上剪下插枝，有些植物好像能从母体植物上切下的最小片段长出新的"幼苗"。那这些植物是如何做到的呢？

　　这种技术最直观的表现是让从植物主体上分离下来的独立部分长出根系。如果你在花园里从薄荷（植物世界最能蔓延的机会主义者）身上撷取一枝最小的嫩芽，并将其植入土壤中，它几乎总能长成一株新薄荷。同样，山茱萸（*Cornus*）、白杨（*Populus*）、柳树等生长在湿润地区的植物在遭遇洪水时，其折断的树枝会漂散到其他地方，然后生根发芽。并非每种植物都能轻易做到这一点。剪切技术是一名真正园艺师需要具备的基本技能之一。观赏园艺的基础是

　　不同于动物细胞，每个植物细胞都具备再造亲本植物每个部分的能力，而不仅仅再造自身相应的那部分。这是一个令人咂舌的术语——生物全能性。

培育出人们期望的植物，而在某些情况下，插枝比培育种子更方便。

园艺中的微体繁殖

　　在现代植物学中，科学家在实验室中培养出微型植物组织，从而生产出数十种微小的植物幼体，这一过程就是微体繁殖（micropropagation）。

▶ 已知的薄荷有 25 种，花园形态有 196 种。几乎所有种类的薄荷都是通过根系蔓延扩散的，因此极易繁殖。

Q 树龄有多长？

我们通常有一两种方法可以笼统算出一棵树的树龄。如果伐倒一棵树，你很容易确定该树的树龄，否则这将是一项不小的挑战。

年轮的生成

每年春天，生长季开始，树木会沿着树干外围长出一层新的细胞。新生成的这一层组织将木质部和韧皮部这两种作为树木循环系统的组织分开。新生层自身一分为二，外层增加韧皮部的宽度，内层则融入木质部以拓展木质层。

A 读取树龄的准确方法是数树干横截面上的年轮数，每个年轮代表一年的生长过程。

▼ 从位于中心的幼苗期的木髓到生长在外围的新生组织，历经几十年甚至几百年积淀起一层层木质。

外树皮

韧皮部（内树皮）

形成层

木髓

心材（老的木质部帮助支撑树木）

边材（活跃的木质部输送水和养分）

两层新细胞在树干上形成了一圈清晰可见的年轮。年景好的时候，树长得更快，年轮就更宽；年景不好的时候就比较窄。每年这一过程都要重复进行。

每当一棵长成的树被伐倒后你就可以准确计算该树的树龄。此外，年轮的相对宽度可以为有经验的人或者树轮年代学者提供该树成长过程中的气候情况。

在不砍倒树木的情况下如何确定树龄

英国森林委员会的科学家们认为，通过测量树干直径并对比类似尺寸树木的相关数据就能知道该树的树龄。该方法的不足之处在于你需要有足够多的样本数据进行对比，如果手里只有一两件样本就没什么实际意义了。

对感兴趣的园艺师而言，你可以用软尺尝试一种简便方法：

· 在距地面 1 米处，以厘米为单位测量树干周长。

· 用周长除以 2.5 得出该树的估算树龄。

例如，周长为 150 厘米的树，其树龄大约是 60 岁。

树龄较小 = 树干较细

树龄较长 = 树干较粗

为什么有些树叶是紫色的？

　　一般而言，多数植物叶子完全长成后都是绿色的，这是因为它们富含叶绿素。叶绿素是一种附在叶膜上的物质，它会吸收蓝色和红色光线，并对绿色光线有很强的反射作用。到了秋天，叶子上的叶绿素逐渐减退，所提供的过滤功能随之丧失，于是我们会看到浓郁的红色和橘黄色叶子。那么，为什么有些叶子全年都是深红色或紫色的呢？

　　叶子呈现紫色是偶然变异的结果，因为它们的花青素含量水平很高。花青素是能吸收绿色光线并反射红、紫色光线的色素。

🔺 黄栌（*Cotinus coggygria*）被称作"皇家紫"（Royal Purple），是一种极好的、几乎和树一样的灌木（5米），夏季时叶子呈深紫色，秋季为红色。

　　不同的叶绿素、花青素存在于叶子汁液中，这是汁液中的糖和蛋白质发生反应的结果。富含花青素的植物，颜色就可能是紫色的。花青素看来并不能赋予亲本植物任何优势，植物在生成红色色素时需耗费更多能量。结果是，拥有紫色叶子的植物比绿叶植物长得慢，所以它们在野外处于劣势。

　　尽管这样，它们的丰富色彩还是深受园艺师青睐，他们在培育时尽量保存其自身色彩。如果你对紫色叶子的植物情有独钟，这里介绍两个成功培育的品种：金叶风箱果（*Physocar-*

pus opulifolius，又称"空竹"）和欧洲接骨木（*Sambucus nigra* f. *por-phyrophylla*，又称"伊娃"）。两者都是落叶、有弹性、容易生长的灌木，是美丽但昂贵的紫叶品种如日本槭树（*Acer japonicum* 和 *A. palmatum*）的绝佳替代品。

Q 种子是什么？

种子的外观多种多样，从颗粒状谷物到豌豆大小的块状，不一而足，让人很难接受它们发挥着同样的作用。然而，每一粒种子，不论大小，本身都具有生成一株新植物的能力。

我们并不知道种子原来的进化路径。一般认为，早期植物繁殖是通过比种子更简单的单细胞孢子进行的，但这些孢子的成功概率较低。尽管藻类、菌类等一些复杂结构组织仍依赖孢子，但随着植物的进化，种子逐渐替代了它们的角色。虽然植物生出种子的过程耗费更多养分，但它们拥有更多潜能，尤其是种子越大长出的幼苗就越大，让它们有更多机会战胜其

A 从本质上说，一粒种子就是个缩小版植物，里面有根、芽、一两个微型"植物叶片"以及少量供其生长直至嫩芽能通过光合作用自持的养分。

他植物并在蛞蝓或甲虫等害虫的侵害中存活下来。

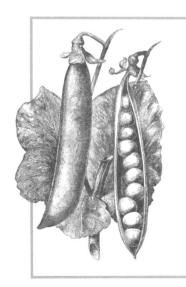

播撒艺术

植物不仅能生产种子，许多植物还进化出将种子散播至远方的特殊手段，这对植物拓展疆域很有意义。豆类家族将自己的大颗粒种子产在豆荚里，种子成熟后，豆荚爆裂，将种子弹出相当远的一段距离。微小的种子能被风吹到新的家园，而橡树果等重量较大的种子依靠鸟类或其他动物帮忙找到新家。

种子怎么知道何时该发芽？

在最佳时间发芽是一粒种子变成幼苗这一过程中最关键的时刻之一。如果时间正确，发芽和后续生长就顺利，否则发芽也许就是种子能做的最后一件事了。

等待时机

种子需要休眠，但也要在特定时间发芽，如耽搁时间就会丧失活力（这就是你会在种子包装袋上看到播种日期的缘故）。

在北部地区，多数植物在夏末和秋天大量结出种子。种子身上有多种机制会抑制自身发芽，直至亲本植物进入最具优势的时候。有些植物，特别是豆类和金雀花家族成员的种子，其外壳又厚又硬，而且不透水，要在土壤中的微生物作用下腐烂掉。这一过程往往需要超过一个冬天的时间，等到外层消失后种子才能发芽。其他一些植物种子的外壳甚至更硬，这些种子需要被鸟类吃掉并停留在它们存有沙粒的胃里，然后沙粒会逐渐磨掉种子外壳。最后，鸟类将种子排出体外，这样种子就可以发芽了。此外，

种子是提前被包裹起来的植物，它有一个胚根，两片子叶，中心有一个小芽。在它冲出外壳的束缚之后，新的生命就开始了。

成功的欧芹

　　欧芹发芽很难，这是出了名的。传统的方法是将种子撒到地里，用土覆盖，然后浇开水。

　　不过，这种方法确有科学依据：欧芹种子坚硬的外壳里有一种抑制发芽的水溶性物质。

还有甜菜根等植物，在种子本身或种子周围的果肉里含有植物化学物质或激素。种子掉在湿润地面上，上述化学物质就会浸出，于是种子发芽；如果落在干燥地面上，就只能等种子浸湿后才能发芽。

　　园艺师可以人为运用不同方法克服种子的自然休眠期并使之发芽。对于一些外壳较硬的种子，可以用利刃划开，或用砂纸磨掉；对于那些不透水的种子，在播种前将它们浸在热水中，这对后续发芽很有帮助。对于那些已经适应被鸟的砂囊加工的种子，可以把它们与尖锐的沙粒混在一起，然后置于两块板子中间进行研磨。对一些特别坚硬的种子，种植者会在播种前用硫酸处理，当然你不应该在家里进行此类操作。

　　在成熟之后到发芽之间，种子需要休眠一段时期。许多种子会进化出一些保护性方法，确保自身在最佳发芽时间之前处于休眠状态。有些情况下，种子会生出一层外皮，这层外皮在发芽前会褪去。

是什么让香草闻起来芳香四溢？

　　人类通常都喜欢香草的芬芳。然而，构成不同味道的化合物并非是为了取悦别人，而是为了保护植物。许多植物都散发着气味，但并不是所有气味都好闻，比如臭牡丹（*Clerodendrum bungei*）和紫苏（*Perilla frutescens*）就有腐肉的味道。

气味：原料

　　我们通过位于鼻腔上部一层湿润的嗅上皮组织捕捉味道。为了被人闻到，气味分子必须很小，能在常温下挥发并溶于油性物质。这些分子被嗅上皮收集并分解后传给与大脑连接的味觉细胞，于是味道被记录下来，这就是你能闻到某种气味的机理。

　　每种植物会生成自己的气味化学成分，使自身的气味有别于其他植物。比如薄荷（*Mentha*）的气味中就含有薄荷醇和薄荷酮，而薰衣草（*Lavandula*）的气味中有 47 种化合物，主要成分是难闻的 1，5－二甲基－1－乙烯基－4－丁酸己烯基。

> 香草植物通过复杂的生物化学过程生成带有气味的化合物。这些气味是为了阻吓或杀死有害昆虫。

▼ 薰衣草中的油脂可保护叶子免受暴晒伤害，这使得薰衣草精油成为有用的芳香剂、防腐剂和香脂。

种植特香型香草

你可以利用植物自然属性，从中获取最佳气味和味道。

植物在自然生长状态下会生长得最好。如果过于呵护，比如大量浇水、施肥，消除害虫的威胁等，气味就没那么重。因此，应该将它们种植在条件较差的土壤中，适当浇点水就行了。如果种在温室外，植物享受阳光，这对它的气味和味道都有好处。如果做不到这些，你还可以使用植物生长调节剂（在苗圃和互联网上都能买到）。这些调节剂含有某些天然激素，植物会将其"解读"为害虫在发动进攻，激发自己做更大努力，因而气味和味道更浓重。

薄荷
（ *Mentha × piperita* ）

迷迭香
（ *Salvia rosmarinus* ）

鼠尾草
（ *Salvia officinalis* ）

罗勒
（ *Ocimum basilicum* ）

野生百里香
（ *Thymus vulgaris* ）

怎样定义杂草？

对这个常被问及的问题，其经典答案是，某种生长在不受欢迎的地方的植物就是杂草；另外，有些人还利用其他一些特征来定义。尽管如此，多数在园子里努力控制、尽可能消灭杂草的园艺师们对用哪些标准定义杂草有着自己的看法。

在花园里奋战

家庭园艺师都知道，永远不要让杂草结出种子，否则你的麻烦会增加百倍。即使没时间彻底清除杂草，也要确保在巡视花园的时候摘掉视线范围内杂草上的花蕾或花朵。你可以事后再回来清除杂草。

在地表上层 15 厘米内，每公顷土地上往往有多达 5.55 亿粒草籽，这个统计数字令人感到恐惧和压抑。最终很多草籽会发芽，相信你不会因此而感到愉悦。

与生俱来的生还者

在生存和茁壮成长方面，杂草有很多技巧。它们能快速生长，极具繁殖力，能产生大量草籽。有些草籽长期处于休眠状态，只在条件合适的时候才会发芽，长出的杂草很容易生存下来并茁壮成长。

▼ 沿着蒲公英（*Taraxacum officinale*）的根部（通常有 40 厘米深）长有休眠状态的芽枝，因此，根部在地面下每一段上的芽枝都能长出新的植株。

苜蓿有固氮能力，被农民当成富含蛋白质的饲料，但在人们打理的草坪上不太受欢迎。

有些杂草根部很深，不易找到。有的更机警，经过进化后，其根部被挖掘时容易变成碎片，这就意味着，每次挖掘它们时，都会产生几十个活的小片段（称作"无性系分株"）。

它们还经常模仿植物或被它们骚扰的庄稼的生命周期或特定品质。比如，酸模（*Rumex*）、车轴草（*Trifolium*）等易生长在草坪上的杂草往往长得很矮，以躲过割草机的伤害。生长在麦田里的大穗看麦娘（*Alopecurus myosuroides*）名声不佳，它们往往赶在麦收前播下种子，在秋播时发芽。

大穗看麦娘是一种一年生草本植物，又称细长草皮、抽动草、黑抽动草。常见于耕地和荒地。

A 杂草通常是指那些适应能力强、生长在花园里或农作物中间并难以清除的各类植物。杂草的生长会影响花坛或花带的效果；对庄稼而言，会影响产量。

为什么草能被切割，而其他植物却不能？

长久以来，草已经适应了牛、羊、斑马和羚羊等食草动物的啃食。修剪后，低矮、平整的草地令人赏心悦目。长此以往，人们逐渐养成打造完美草坪的嗜好。每个园艺师都知道，要想让一块草坪完全没有瑕疵十分困难，但却可以尽量改善草的构型。

从地面长起来

通过分裂使植物生长的细胞称为分生组织。像许多其他植物一样，如果上述细胞位于正在生长的植物顶部，则牧草这类适于放牧的植物就会死光。相反，通过进化，其分生组织的生长细胞长在底部，处在从土壤长出地面的那个点上。因此，一方面食草动物享受自己的美食，另一方面，牧草被吃掉或收割后仍能继续生长。割草机割草与动物吃草的效果一样，都会留下一片整齐、均匀的健康草地。

为所有人打造优质草坪

割草机让所有人都能享受优质草坪，但在这种机器被发明之前，园艺师们要么找一群羊来当帮手，要么趁着草被露水打湿的时候用大柄镰刀修整，而这是一项慢工细活，要具备一定技能。最早的割草机使用人力或马匹；现在，人们已经利用最新技术成果推出了割草机器人。这种机器很安静，通过定时器设定时间，可在铺设电线的区域自动修剪草坪而无须人类监督。

草被切割后能继续生长，原因在于它们的生长是从地表开始的，而阔叶植物的生长则是从顶部开始的。

为什么我播撒的种子不能全长出来？

园艺师们早就知道，就种植效果而言，使用自己搜集的种子要好于随便买一袋种子。这是真的吗？如果真是这样，那为什么在家里收集的种子更有优势？

用于出售的种子通常产在劳动力比较便宜而且气候干燥的国家。比如花园种子主要来自新西兰和肯尼亚等国。然而，这些种子需要储存并运往很远的地方，这自然需要时间，而且还要面对湿度和温度变化，这些都不利于种子的保存。到了商人手里，他们对种子进行分级，等级最高的卖给苗圃，而那些品级较差的就销售给本地园艺师们。

经过这一系列过程后，这些包装好的种子要在货架上放置相当长一段时间，而且还要受温度波动的影响。

▲ 南瓜易于杂交，因此只有与其他栽培品种分开并单独培育的南瓜子才会长出与亲本相似的南瓜。

在选择种子时，首先应考虑使用家里收集的种子而非买来的种子，这一点很重要。如果不得已，你应该去找经销商，而不是到商店购买，这也会让情况稍好一点。因为经销商储存种子的设施更完善，而且销售得也比较快。

自己搜集的种子在播种前不需要长途运输。相反，很多买来的种子需要长途运输并经历很多过程，这些都会对种子的活力造成影响。

哪些种子适合在家里收集？

家里收集的种子通常优于买来的种子，所以多数家庭园艺师都尝试收集并储存所钟爱的植物的种子，这样既可以自用，也可以与他人分享。收集种子的方法多种多样，具体情况还要看植物类型。

A 所有种子都可以在家里收集，关键是确保方法正确，且时机恰到好处。

收获：时机与方式

经验表明，种子一般在开花两个月后开始成熟。所以，你最好定期观察，养成每天在花园散步时顺便查看一下的习惯，估计一下种子什么时候成熟，因为这是你采集的最佳时间。家庭花园的优势在于，你可以根据植物具体情况不时地分别收集成熟的种子。而不像种植经营户那样往往采用一次性收集的方式，这时可能有的种子已经成熟，而有的也许还没成熟。

如果认为某种植物的种子已经成熟了，你可以把种子枝条或荚采集起来，然后装入纸袋（尤其适于成熟时

◀ 胡萝卜子在自然状态下有很多毛，而且相互间黏合在一起；袋装种子已经被"磨"了，绒毛已经被去掉以利于播种。

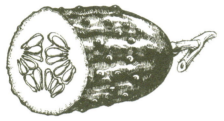

先把西红柿和黄瓜的果实打成浆，再进行发酵，然后把种子筛选出来。

易爆开的豆荚类种子）或者放在衬着报纸的托盘上。待生长着种子的枝条干透，抖出种子，装入小袋子，贴上载有名称、采集日期的标识，然后储藏在凉爽、干燥处直至播种时节。

有些植物的种子，比如西红柿和黄瓜等，需要从果肉浆中分离出来，因此要运用不同方法。先切开水果，仔细刮出带籽的内瓤，用水混合后发酵几天，之后浆液会很容易被洗掉，最后分离出种子并在储存前放在报纸或洗碗巾上晾干。

种子交换

热心的园艺师们经常相互交换自家的种子，比如一个人可能会用原种番茄种子去换另一个人高产的红花扁豆种子。不过，种子交换活动越来越受欢迎。请留意"种子星期日"的海报及本地报纸上的广告，因为这些地方不仅提供了一个发现新的和有趣的种子的好机会，而且还提供了一个与其他园丁见面和交流种植新闻及信息的机会。如果想与他人分享，你要把种子仔细装入小封袋里，注明名称、采集日期。如果认为有必要，还可附上有关其生长情况、成熟时的品质等信息。

植物的寿命有多长？

这要看你指的"寿命"是什么。有些植物通过长出嫩芽实现不断再繁殖，能做到长生不老。在这方面，葡萄属植物（*Vitis*）就很有名，它们的身世可以追溯到自己的祖先 —— 汤普森无核葡萄（Thompson Seedless）和黑科林斯葡萄（Black Corinth），二者可能已经有2000多年历史了。

如果不考虑繁殖，植物的确有可衡量的寿命。尽管不能一直存活下去，但树木仍是植物中寿命最长的。一般而言，多数树木能存活500多年。当然也有例外情况，许多树活得更长。

不同于动物，植物自身各部位的成熟和衰老时间不一样。动物身体各部位的成熟和衰老时间相同，比如一只老虎，它的尾巴、耳朵和肝脏的衰老程度是相同的。树木则不一样，当主要部分开始老化时，树芽和树根的嫩尖部分却处在青春、活跃状态，仍可存活几百年。 树还可以对伤害进行阻断，这是它们的一项重要财富，可帮助它们抗过一些严重伤害，如意外事故和病虫害等。

▼ 在希腊，用黑科林斯葡萄制葡萄干已经有2000多年历史。这些古代植物通过再繁殖活动一直存活下来了。

世界上最年长的树？

真正长寿的树好像已经进化出让自己存活下去的策略。比如北美红杉（*Sequoia sempervirens*），在条件适合的情况下能长到令人惊叹的高度，并且存活几千年。红豆杉（*Taxus*）能在很大程度上控制自身的衰老过程，树干下部日益粗壮的同时，内部逐渐空洞化；当其他部分生长时，自身这部分就会丧失了。有些红豆杉据说可以存活 5000 多年。生长在美国内华达州沙漠里的长寿松（*Pinus longaeva*）利用当地恶劣环境，让生长速度近乎停止。其中一棵名为"普罗米修斯"的长寿松，在 1964 年被伐倒时，人们发现它有 4900 个年轮。

长寿松

尽管如此，多数树木的存活期也就是 500 年左右。巨大的体型导致了它们的毁灭。它们长得太大了，有大量的生命组织需要供养，最终所需的营养接济不上。营养不足，于是开始萎缩，失去枝叶，变得越来越小，最终水分耗尽，实际上是在生长中自己死掉了。

通过"作弊"达到长寿目的

比如橡树（*Quercus*）就有一种先死去然后再复活的能力。上部树枝已经掉光，处于垂死状态的橡树有起死回生的能力，在身体下部重新长出较小的芽枝。通常，位于树上部的树枝在生长时会释放压制下部嫩芽的激素，但橡树好像能逆转这一过程，在进入下一轮枯萎期（可能发生在 1 个世纪后）之前就开始生长。通过这种方法，橡树能让自身寿命远超其他树种。

树木生长的速度有多快？

　　树生长的速度不仅取决于自身的天然条件，而且还取决于其他一些外界因素，比如温度、光照、降水、成长阶段是否有足够养分等。如果这些条件都具备，有些树就会长得非常快，甚至能达到令人惊讶的程度。

长得快，死得早

　　年轻的树比老树长得快。一棵树被砍伐后，如果从横截面观察年轮情况，你会发现离树干中心越近的老年轮通常比外侧年轮宽。随着树木日渐长大，它的生长速度逐渐慢下来，接近寿命期时会变得更慢：一旦年轮宽度收缩至仅有 0.5 毫米左右时，树木就踏入死亡之门了。有些树，比如桦树，往往长得快、死得早，很少能活过 80 岁，这相当于许多树木的年轻时期。这种树往往会在短时间内突然死去，而死亡前长出的年轮都很宽。

　　所以，园艺师在种树前要揣量一下，是要生长快的树还是要给后代留下点儿什么：桦树长得快，能给你有生之年带来快乐，而种植橡树却是对后代的一项投资。

▼ 单独生长的树枝丫会向周围伸展，当与其他树长在一起时，就会因为争夺阳光，而尽量让自己长得又高又直，且尽量不分叉。

　　在热带地区，竹子一天能长 50 厘米。在英国，树木长得没这么快：冬天不生长；即便在夏天，如果没有阳光和热量也不会长得很快。根据树种的不同，多数树木一年能长 50 厘米。

为了能被风吹走，种子必须长得很小吗？

在种子传播过程中，风是主要推手之一。为了充分利用风力来尽可能大范围地传播自己，种子已经进化出了多种方法。这通常需要种子外壳具备某些特点，以便在起风的时候达到传播的效果。

许多通过空气传播的种子都很小，兰花科植物的种子比一粒尘埃大不了多少，要用显微镜才能看到。1000 粒柳树种子仅重 0.05 克，而 1000 粒稻米种子重达 27 克。然而，很多植物都是有经验的"空气动力学家"。欧亚槭的种子相对较大（1000 粒重达 97 克），但它们拥有类似直升机的外形，这意味着能被风吹得很远。据说在空中传播种子的植物中，生长在热带的爪哇黄瓜（*Alsomitra macrocarpa*）的种子最大，它有长达 15 厘米的翼。个头这么大的种子往往都很"昂贵"，这也是为什么这种植物种子数量相对较少的原因。

在空中传播种子的植物一般都是些"机会主义者"：在陆地生根的柳树种子（每千粒重 0.05 克）会在新近露出水面的土地上生根，而欧洲白蜡树（*Fraxinus excelsior*，每千粒种子重 60~80 克）是在树木被砍伐后留下的空间里最先生根的植物。

大多数空中传播的种子都很小。有些较大的种子拥有类似翼或降落伞的装置，以便被风吹得远一点。

▼ 荠菜（*Capsella bursa-pastoris*）的蒴果可以散播出高达 5 万粒种子；在有些情况下，它的蒂都能被吹掉，种子飘落得很远。

为什么灌木在修剪后好像长得更快了？

这里的关键词是"好像"，如果你在一年后对灌木的生长情况进行测量，相较于没有被修剪过的情形，经过修剪的灌木更矮小。尽管如此，灌木能在大幅修剪后快速恢复，而且这种恢复会在修剪后马上就开始，给人一种灌木在修剪后长得更大了的印象。

生长突增是如何形成的？

根与枝芽之间的平衡是一种相互依存关系，根为枝叶提供必要的水分和营养，而枝叶通过光合作用为根部提供糖分。供养枝叶，必须要有健康的根部，反之也一样。如果对枝叶进行修剪，根部会继续提供水和养分供枝叶生长。

植物细胞分裂和生长发生在树枝顶端，被称为顶芽。它们的工作之一是向树枝输送荷尔蒙，对下面的枝芽形成抑制，让生长集中于树枝顶端，用行话说就是"抑制"下面的枝芽。因此，如果你修剪一棵灌木，剪掉枝杈的顶端，荷尔蒙不再传送给下面的枝芽。抑制被解除后，剪切口下面会骤然长出好几个新芽。

▼ 顶端优势是指处于顶部的枝芽相对于处于下部枝芽的优势，它决定着植物怎样生长以及对修剪的反应。

活跃的顶芽

在枝叶顶部，活跃的嫩芽压制侧芽的生长

处于休眠状态的侧芽

顶芽被移除

占支配地位的顶芽被剪掉后侧芽被激活

A 灌木被修剪后快速生长源自两个因素：植物的根与枝芽的自然平衡，以及一种称作为顶部优势的更为复杂的现象。

顶芽被修剪之后，灌木急于重建根和枝芽之间的平衡，顶芽的生长优势被分散到每个侧芽。一些经验不足的园艺师由于不了解修剪灌木的原理，他们可能会问自己，之前瞎忙半天修剪它们又有什么意义呢。

🔺 日本绣线菊（*Spirea japonica*）：开花后，从每三个茎中剪除一枝，让花丛紧凑，从而诱发能开出最美花朵的新芽。

修剪时要恰到好处

有经验的园艺师在几个季节里都会为植物剪枝，以防止树枝长得太长，并让那些后续长出的"水"枝（修剪之后快速长出来，但样子不太好看的树枝）不致太密集，仅留下足够供养树根的枝杈，但数量不能太多，以免恢复到原来的大小。

◀ 红穗醋栗（*Ribes sanguineum*）是一种极珍贵的早期花卉植物。开花后，从接近地面开始，每三个柄剪掉一个，以防止它长得太长。

种子能存活多长时间？

经常有新闻报道说在某考古现场发现埋藏地下长达几个世纪的种子发芽了。尽管有时候支撑这些报道的相关证据仍存疑，但有一点是明确的，即虽然种子在脱离植物母体后会逐渐劣变，但这一过程很缓慢，如果储存得当，劣变过程会更慢。

有证据表明，在干燥、寒冷的贮藏条件下，种子能存活几个世纪之久。但在园艺师手里，种子的寿命却只能大幅缩短！

缓慢预热

在寻找世界上成活时间最长的种子过程中，的确有一些破纪录的情况。有好几次，人们从古代遗址里发掘出储存完好的"圣"莲（*Nelumbo*）种子，它们后来发芽了，其中有些种子的埋藏时间有上千年（发现时，这些种子处于湿润环境，这一点有违"干燥""寒冷"的储藏原则，但也说得通，因为莲花属植物本身就是水生植物）。还有报道说枣椰树（*Phoenix dactylifera*）种子在储存两千年后发芽了。然而，最终胜出的是一些捕虫草（*Silene*）种子。俄罗斯科学家声称这些种子已经休眠了3.2万年。如果他们的实验能重复进行，那么种子寿命的门槛就能大幅提高。

椰枣的种植历史长达5000多年，其通常生长在绿洲等气候炎热、干燥且地下水丰富的区域。

长期储存种子的地方：种子库

种子或基因库收集了大量在野外或种植环境中生存受到威胁，而在培育粮食作物或将来在维护生物多样性方面又具有重要作用的植物种子。多数种子库采用人工制冷方式，成本高昂而且可靠性存疑。然而，位于北极圈内斯匹次卑尔根（Spitsbergen）岛上的全球种子库（Global Seed Vault）却能在近乎理想的储存条件下保存植物种子。该种子库是利用一座被冻结的石山并在上面凿出几条隧道后修建的。目前，这个种子库的温度控制在 −18℃，里面有 86 万多个样本。管理该库的科学家认为，这些种子可以在品级不变的情况下保存几个世纪。下面是一些种子在普通条件下可以存活的时间：

3 年以内：
金鱼草（*Antirrhinum*）、毛地黄（*Digitalis*）、生菜、韭葱和洋葱、三色堇（*Viola x wittrockiana*）、欧芹、欧洲防风草、甜玉米。

6 年以内：
西兰花、胡萝卜、密生西葫芦、黄瓜、旱金莲（*Tropaeolum*）、烟草（*Nicotiana*）、桂竹香（*Erysimum*）、百日菊（*Zinnia*）。

9 年以内：
卷心菜、芜菁、萝卜。

10 年以内：
小萝卜、西红柿。

毛地黄

小萝卜

如果一年不修剪，草坪会变成什么样？

能够保持草坪整洁，其中的一个主要原因是定期修剪。你可以想象一下，如果一个星期、一个月甚至几年不修剪，草坪会是什么样儿？这个问题与之前种在草坪上的植物有关。

草坪是一种人为"社区"，人们通过修剪、维护等方法让草保持矮小，形成"遍地爬行"的生长习惯，并给草坪加个边。然而，随着草坪进入成熟期，像绒毛草这类野草就会爬进来，如果不加以控制，野草就会掌控局面。

草原上的草已经适应了羊群或其他牲畜的啃食。现代草坪则是被割草机"啃食"。如果这类"放牧"停止了，草坪上的草就要面对更高大的草和更坚韧的野草的竞争。

绒毛草
（*Holcus lanatus*）

如果这样发展更长时间，比如从几个月变成几年，树苗就会长出来。鸟类通过排便播撒小种子，松树埋藏橡果等坚果，另外还有随风飘过来的梧桐、白蜡树等树的种子。于是，很快就会形成了在英国多数地方常见的森林。有 10~20 年时间，那些寿命较短的树木比如桦树和柳树等会让位于白蜡树和橡树。如果有足够长的时间，整个景观就会变得与野外没什么区别，这时河狸也会来到这个地方。

灌木什么时候变成一棵树？

最简单的回答是，树只有一个主树干，树枝远高于地面，顶部有繁茂的树冠。而灌木在地面或接近地面的位置长出若干个枝干，当然也会有例外的情况。

有些树，比如高大的榛子树（*Corylus*）会在接近主干的地面位置长出几条小的枝干。对某些其他种类植物比如欧洲栗子、柳树等，人们会每隔10~15年修剪一次以便让它们长出更多长且能快速生长的茎。这些茎经常被人们当作轻质木材用于农业、建筑、烧炭、制作栅栏和园艺。

那么高度呢？同样，这也不是提前安排好的。从森林管理者和景观园艺师的专业角度看，高于8米的植物是树，而在家庭园艺看来，树远没那么高，只要高于3米的就是树。而灌木的高度或宽度，可能和较小的树没什么区别。

如果自己有个小花园，你可以让一些从技术上讲是灌木的植物长得更高一些，同时削减枝干的数量，权且把它们当成树来看待。在这方面表现出色的有黄栌、加拿大唐棣（*Amelanchier canadensis*）和威马花楸（*Sorbus vilmorinii*）三种灌木。

▼ 作为植物世界最坚韧的品种，灌木通常生长在普通树木无法生存的地方。为了分散风险，灌木往往长有好几个茎，而非一个主干。

A 灌木没有主干，只有几个从地面或接近地面的地方长出的茎；树都有一条主干，分枝远高于地面，顶部茂密或者长有树冠。

为什么有的胡萝卜是直的，有的是弯曲的？

如果去超市购买胡萝卜，你自然觉得所有胡萝卜都是笔直的而且形状均匀，有时候（尤其是从高端超市）买的胡萝卜头部还长着完美的绿簇。如果自己种植胡萝卜，你就会知道事实并非如此。

敏感的蔬菜

在很多情形能让胡萝卜种子不发芽，或者导致胡萝卜分叉或弯曲。如果是从种子托盘上移植过来的，胡萝卜几乎都会分叉，如果它们赖以生长的土壤土层板结，或者石头多，或者浸满了水，胡萝卜就会长歪、分叉，或绕着障碍物生长，哪怕障碍物很小。幼苗发育迟缓或间苗时间太晚都会影响生长，导致胡萝卜弯曲或畸形，过度松土和除草也会出现上述情形。

如果多年在同一片地里种植，那些被称为"粗根线虫"的虫子也会成为影响胡萝卜生长的罪魁祸首。这些

与根部是紫色或白色的萝卜不同，橙色的胡萝卜是荷兰人在 15 世纪时引进的。英国现在每年生产的胡萝卜达 70 万吨。

胡萝卜幼苗的根非常敏感、脆弱，甚至土壤的细微变化也会影响到它们。胡萝卜容易受到掠食者的攻击，从而影响根部的生长。

虫子往往出现在连续多年在同一块土地上种植的植物身上。如果发现这些虫子作祟，要赶紧换一块地。

尽管如此，弯曲的胡萝卜也有它们的用途，比如可以做牛饲料，而且可以作为有瑕疵的蔬菜折价在商店里出售，这也说明人们日益关注食物浪费问题。虽然不易削皮，但好处是价格便宜；尽管长有好几条"腿"，但在营养方面一点也不差。

怎样种出完美的胡萝卜

一些专家种植的胡萝卜在园艺展览会上进行了展示，你尽可按照他们给出的下列建议种植胡萝卜：

· 将一个长的圆筒里装满粗沙，比如一个 180 升的废旧油桶。

· 用铁棍在沙子里捅出锥形孔，每桶不超过 6 个孔；将有机复合肥与用筛子筛过的无菌土壤混合后分别填入这些孔洞。专家们有时还会添加些从网上或者本地苗圃购买的营养物。

· 把胡萝卜籽播撒在孔洞里。

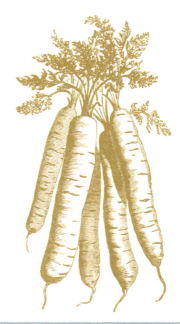

没有障碍物，同时又营造了理想的生长条件，通过上述步骤就能种出均匀、没有分叉的胡萝卜。

根茎短的品种能增加成功的概率。

根茎长的品种最有可能长歪了。矮胖的"尚特奈"（Chantenay）品种就是很好的选项。

为什么你买不到兰花种子？

兰花种子很微小，看起来像一粒灰尘。小种子利弊参半。和较大的种子不一样，小种子里没什么营养储备，这意味着它们在能正常进行光合作用之前的发芽阶段要面对被"饿死"的风险。从有利的方面看，小种子能大量生产，所以仅有一小部分种子活下来就可以达到繁殖的目的。

成长伙伴

由于种子里没有营养储备，兰花给自己出了一道难题，但它们通过不断进化，自己解决了这个问题。兰花种子与特定真菌结成"联盟"，由它们在种子发芽阶段提供养分，并在幼苗自己能进行光合作用自给自足之前一直提供帮助。由于这些真菌不能放在袋子里与种子一起出售，而没有真菌种子又无法存活，所以你无法从普通市场上买到兰花种子。而专家们会买些更稀少的东西：一个烧瓶，内装发芽的种子和接种了真菌的培养基。

◀ 通过组织培养（微体繁殖），兰花的生产成本大幅下降。现在，兰花已经成了英国最畅销的室内开花植物。

A 　兰花种子不仅微小，而且很难发芽。由于种植过程过于复杂，让家庭园艺师很难应付。这就是你看不到袋装兰花种子在市面上销售的原因。

所以，在种植兰花时，你要在幼苗生长过程中不断将其从一个瓶子转移至另一个较大的瓶子里，而且要用几年时间才能培育出能开花的成熟植物。在专门的实验室里进行微体繁殖是另一种批量繁殖兰花的方法。

有些业余爱好者尝试用自然方法种植，他们认为真菌已经存在于亲本植物周边，所以把种子洒在亲本植物周围就可以了。其实这是在碰运气，但有时也会奏效！

其他植物也有这种微小的种子吗？

兰花并不是唯一以种子数量取胜的植物。通过大量生产种子以期即便仅有部分存活下来也能延续物种的植物并不在少数。在这方面，可以给出最成功，同时也是具进取精神的植物——独脚金（*Striga*），这个种类的植物原产于亚洲，后来扩展至世界各地的高温地区。由于其寄生的属性，它们给许多植物的生长带来了问题，比如高粱、小米和玉米等。这类植物的成功之处在于，每棵亲本植物都会产生 50 万粒种子，这些种子又小又轻，能被微风广泛传播，而且能在休眠状态下成活 10 年左右。

独脚金
（*Striga elegans*）

仙人掌是从哪儿来的？

仙人掌属植物是植物界最顽强的幸存者之一。它们在进化过程中已经能适应恶劣、干旱的沙漠环境，并形成了一些不寻常的特征，其中有些很明显，有些则不太明显。它们大多数都长有刺而不是叶子，球形或圆柱形的身体能贮存水，厚实的蜡质外皮能防止水分蒸发。

我们都认为自己知道"典型的"仙人掌是什么样子，但实际上在这个大家族中，仙人掌的外形和功能是多种多样的。比如地处美国西南部索诺拉沙漠中分叉的北美巨人柱仙人掌（*Carnegiea gigantea*），拥有延伸范围大、入土很浅的根系，能尽可能收集沙漠中极少的降雨。其他类型的仙人掌则向上长，它们生活在树上，没有根系，依靠露水和降雨生存。许多仙人掌在夜间而非白天打开自己的气孔以减少蒸发，但仍能设法通过复杂的化学过程延缓二氧化碳释放，直至白天再利用阳光进行光合作用。多数仙人掌属植物长得都很慢，这并不令人感到惊奇。

老式的美国西部影片都依赖仙人掌的丰富景观来营造气氛。多数仙人掌家族成员的确来自美洲。其他沙漠地区也有类似仙人掌的植物，比如有着迷人名称的"非洲奶桶"（*Euphorbia horrida*）就是南非本地物种，但它们并不是仙人掌家族成员。

为什么有的人和植物聊天？

和植物说话的人要么是疯了，要么出现了幻觉，这要看你喜欢的媒体怎么去解读了。但有一点还不太清楚，那就是植物能听懂对它们说的那些话吗？有关"低声和植物说话者"的故事常见诸媒体报道，但通常都没什么坚实的科学研究来支持它们。

和植物交流对植物有好处，这种观点背后的原理是，说话者呼出的二氧化碳对植物有益。但是通过检验，这种观点站不住脚。人类呼出的二氧化碳消散得很快，植物根本来不及从中受益。

与这种观点类似，有的人认为不同类型的音乐对植物有好处。但这不过是报刊上的一些即兴发挥，没有相关证据的支持。然而，如果你因此放弃与自己的植物聊上几句也是不明智的：人为地提升温室里的二氧化碳水平能促进植物生长。不过，要想把二氧化碳水平提升至能影响植物生长的程度，恐怕需要在一个光线充足且有遮蔽的地方对着植物进行一段很漫长的独白。

你和自己的植物说话到底好不好呢？这个问题其实争议并不大：很多研究表明，侍弄、关心植物有利于身心健康，能减压、抗抑郁。

触摸，不止步于说话

如果说话不能达到效果，试着轻微地抚摸它们。这时你仿佛在模拟一股轻风，于是植物作出相应反应，长得愈发健壮，茎变粗了，叶子更茂盛了。

Q 什么是外来入侵植物？

如果将杂草定义为一种生长在不属于它的地方的植物，那么外来入侵植物就是一种强化版的杂草。它们并非星际间的造访者，但却能给新领地造成惊人的破坏，有时能以惊人的速度"占领"那些在不经意间曾热情"接待"过它们的地方。

不受欢迎的访客

关于外来入侵植物，一个经典例子就是日本虎杖（*Fallopia japonica*）。在原栖息地日本，它是一种温顺的植物，这或许是其在进化过程中受制于身边的植食动物或病害。然而在移居国外后，它的性情变了。日本虎杖很有魅力，英国人在维多利亚时期将其引入英国。早在1907年，园艺指南里就提到它"易于种植但清除很难"。如今，这种植物已经名列英国最有害植物榜单。在牧场上，由于放牧、定期耕作，这种草已经不构成问题了，但它已经完全适应

A　外来入侵植物是指本来生活在世界其他地区，被有意或无意地引入一个新地区的植物。由于在新地区没有原生长地植食动物和病害的制约，入侵植物有时会疯长起来。

◀ 生长在英国的日本虎杖都是雌性，如果引入雄性植株，日本虎杖将会进行大量繁殖，产生更多的种子。基于这一变化，对其的控制将变得愈发困难。

世界上最糟糕的野草

　　为评选世界上最糟糕的野草，国际自然保护联盟在 2014 年组织了一项民意调查。根据排列的一串令人惊骇的表现，这项"殊荣"最后被授予一种原产于巴西的水生蕨类植物——人厌槐叶蘋（*Salvinia molesta*）。在许多国家，凡被这种植物入侵的地域，渠道和河流都会被堵塞，并给水库和水电设施带来诸多问题。它的疯长窒息了其他水生生命，腐败的残骸消耗了水中的氧气，进而威胁到鱼类和其他水生动物的生存。

▲　黑海杜鹃（*Rhododendron ponticum*）在英国和法国部分地区极具入侵性，每棵植株每年能产生 100 万粒种子，可被风吹至方圆 500 米的地方。

了城市地区，很快进化出能钻入地下极深且生命力很强的根系。除了费力挖掘（通常要使用机械挖掘工具）或至少持续两年使用最强力除草剂外，其他方法都起不了什么作用。哪怕有一点点残留根茎，它就能再次生长开来，尤其在河岸和水渠附近更是如此。如果没有任何自然的限制，控制其扩散将是徒劳的。外来入侵植物的真正危险实际上是它们对生物多样性构成的威胁。正如日本虎杖一样，许多原本为装饰目的引进的外来植物，虽看起来挺迷人，但本质却像个暴徒，窒息了那些不太强势的植物。其他外来入侵植物在英国"攻城略地"的例子包括原来生长于黑海沿岸地区的杜鹃花，这种植物钟爱酸性土壤，能形成大片茂密的草丛，受其影响，其他种类的草长得都很低矮。还有一种是醉鱼草（*Buddleja*），这是一种能吸引昆虫但也能挤走其他植物的入侵植物。

蘑菇和毒菌的区别是什么？

　　我们通常把可食用的菌类称作蘑菇，把不能食用或有毒的蘑菇称为毒菌。它们二者间真有差别吗？在你的印象中，也许蘑菇就是在平底锅吱吱作响的可口食材，而毒菌就是那种有着美丽红色外观、掺杂着白色斑点、看起来有点儿危险、你从未想过品尝的东西。但是，这绝不是一种科学的划分。

　　担子菌一族范围很广，从尘菌（*Lycoperdon*）到蜜环菌（*Armillaria mellea*）等不一而足。作为园艺师最讨厌的真菌，蜜环菌一般寄生在树的根部并逐渐形成一片菌丝体，该菌丝体也会扩散到树皮下面。这些真菌逐渐形成更厚实的黑色根状菌索，其结构与鞋带相似。它们缠绕在树根周围，最后树根逐渐腐烂

A 　　在真菌学家或菌类爱好者眼中，蘑菇和毒菌没什么不同。在他们看来，二者都是担子菌一族的子实体。

掉。如果树木生病后死亡，这些根状菌索便会延伸到别处，感染附近的其他树木。尽管多数密环菌的感染都发生在局部，但地下的菌丝垫有时也会长出类似蜂蜜颜色的伞菌。这些伞菌会产生能被风吹走的孢子，把病害传到更远的地方。

尝试蘑菇

　　从科学角度看，蘑菇和毒菌之间并没有明显的区别，尽管如此，你还是有必要了解哪种蘑菇能吃，哪种不能吃。虽然真菌的名声不佳，但它的毒性往往很小，能真正致病的真菌并

◀ 蜜环菌是能杀死树根的极少数真菌之一。多数伞菌是无害的。

最可口的蘑菇

除了我们日常栽培的双孢蘑菇（*Agaricus bisporus*），目前能方便买到的其他蘑菇品种还有香菇（*Lentinus edodes*）、平菇（*Pleurotus ostreatus*）。此外，比较稀少的还有猴头菇（*Hericium erinaceus*）以及印度平菇（*Pleurotus pulmonarius*）。其他一些在商店很少有而在农贸市场能买到的品种是口感丰富、肉味浓郁的马

栽培的双孢蘑菇
（*Agaricus bisporus*）

菇（*Agaricus arvensis*）和鲜橙色的鸡油菌（*Cantharellus cibarius*），它们有一种微妙的、类似花香的气味和味道。

作为菌中极品的松露等属于另一个单独家族，它们是子囊菌类，而非担子菌。

平菇

不多，仅有1%左右能致人死亡。在一些有蘑菇采摘传统的国家如意大利和格鲁吉亚，人们满怀热情期待着蘑菇采摘季的到来：对于什么蘑菇能吃、什么最好别碰，业余爱好者们都很有经验。如果想追随这些人的脚步，关键一点是弄清你在干什么。人工培育的蘑菇种类日益增加，而农贸市场通常是寻找目标品种的快乐"狩猎场"。

为什么有些树长出针状树叶？

一般来说，树木的生长环境越恶劣，树叶就越小。树叶呈针状是被压缩到极致的情形：每个针叶都有一个被富含叶绿素细胞环绕的中心叶脉；针叶的皮很厚，而且有一层蜡膜，因此不透水，可防止水分蒸发。相对于普通树叶，针叶的气孔要少一些。

因为能最大程度减少植物水分流失，所以针叶适合身处炎热环境的植物。另外，它们对处在寒冷环境、常因地面冻结而吸水困难的植物也很实用。

保存水分并不是针叶的唯一好处。尽管针叶能最大程度减少水分损失，但每个针叶的含水量并不多。因此，如果水分被冻结，相应的损失可以降至最低。此外，如果遭遇暴风雪，雪块会从针叶上滑落，不会压断树枝，而且它还能滤掉狂风让枝杈不至于折断。

多数针叶树四季常青，但也有例外，比如欧洲落叶松（*Larix decidua*）等，在秋季其针叶会脱落。这些树往往生长在环境最恶劣的地区，通过落叶度过艰难的冬季。

鳞叶与针叶

一些针叶树，如利兰地树（*Cuprocyparis leylandii*）和西部红杉（*Thuja plicata*），树叶已经进化成鳞片状，这也是植物为适应恶劣环境的结果。不过鳞叶带来的一个副作用是，由于树木的均匀外观，使这些物种成为密集的树篱。

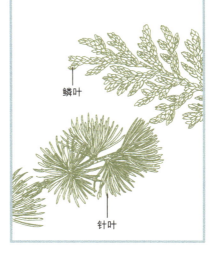

鳞叶

针叶

为什么有的植物会长刺？

植物是很多动物喜爱的食物，所以植物要投入大量资源来武装自己。有的使用有毒化学物质包裹自己，有的长出坚硬、粗糙的组织，有的长出硬毛或蜡质外皮等。其中最主要的方式是让全身长满尖刺以吓退觊觎自己的动物，因为它们的嘴巴、皮肤和眼睛在这些"利刃"面前很容易受伤。

欧洲冬青
（*Ilex aquifolium*）

消除针刺

为方便采集，经人工培育后，黑莓、醋栗等本身带刺的果树身上的刺随之消失了。植物培育者经常在不带刺的变异品种中进行筛选，并把它们作为亲本植物。

尖刺的自保策略

欧洲冬青为我们提供了一种很好的实现资源平衡的例证。其嫩叶外皮坚韧，有蜡质，长有尖刺，为树苗提供了有效保护。然而，随着枝条日益长高，当超过动物啃食高度后，叶子的尖角开始消失以节省资源，以便更有效地进行光合作用。非洲阿拉伯胶树（*Acacia senegal*）也有类似策略，它们长得较高，刺随之消失，但会渗出黏胶以防止动物啃食。

刺是一些植物的重要防御武器，但这仅是它们整体策略的一部分，它们将储存的一部分能量用于防御，其余能量用于繁殖，从而确保植物个体和种群的生存。

种子包上标注的"F₁"是什么意思？

　　你购买的种子多数都是由两种不同基因但又相近的亲本植物杂交的产物。尽管杂交在植物生长过程中能自然发生，但许多新品种都是人们刻意而为的结果。人们通过植物杂交，在产生的后代中选育，将不同品种的最佳特性结合起来，形成一个新品种。

杂交优势

　　F_1 杂交的关键在于亲本植物的近交系。近亲繁殖意味着繁殖受到严格控制，两个亲本自己授粉。而在"异系杂交"的情况下，亲本植物通过其他植物授粉。尽管种子保留了育种人员想要的特点，但与动物的情形相似，近交系植物也会出现健康与活力损失以及遗传变异性降低，即任何生物体所处的基因库越浅，其活力越小。然而，如果反复进行同系繁殖直

一项花销不菲的生意

　　使近交系亲本植物很好地结合在一起，繁育出理想的后代，这些后代拥有所有亲本植物身上优良的遗传特性。开发和维护这些近交系亲本植物的技术很复杂且成本高昂。然而，植物杂交通常很有价值，足以收回成本，而且通过贮藏、销售自己的种子，经营者还可以防止关键性遗传成分遭剽窃。如果一对 F_1 植物在你家花园里相互授粉，长出来的就是 F_2。F_2 的遗传抑制性较弱，缺少同系亲本植物杂交优势，因此变化多，缺乏一致性，活力也差，这不是多数种植者所期待的结果。要想从某些 F_1 性特性中受益你就得每年购买新鲜的种子。

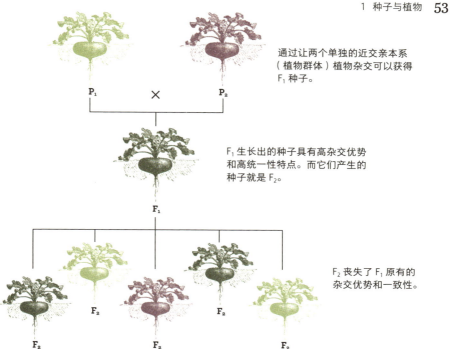

通过让两个单独的近交亲本系
（植物群体）植物杂交可以获得
F_1 种子。

F_1 生长出的种子具有高杂交优势
和高统一性特点。而它们产生的
种子就是 F_2。

F_2 丧失了 F_1 原有的
杂交优势和一致性。

至植物拥有相同染色体（同质合子），然后再进行培育，这时在子代植物中会出现被称为杂交优势的新力量。最终结果是生长出同样很强壮的相同植物。该方法应用于商业培育活动后生产出大量相同品质的种子，深受广大种植者和花坛经营者喜爱。

▼ 像许多卷心菜家族植物一样，大头菜本身并不能自我授粉。然而，如果趁花朵未开时将其切开，然后人工授粉，就可产生近交系植物。

A 　如果种子盒上标有"F_1"的字样，这说明里面的种子是第一代杂交种子，F代表"子代"，"1"表示种子来自哪一代。

为什么野生植物看起来生命力很强，而花园里备受呵护的植物却羸弱不堪？

这种常见认识实际上是不正确的，其实仅有少数野生植物种子能长到成年。这种认识的形成通常是由于这些种子散落在各种人工环境，比如高速公路的路堤或肥沃的花园等，这些地方通常缺乏野外环境下的激烈竞争，因而它们在生长过程中享受着野外环境不具备的良好条件。

野外存活的可能性

为了生存，野生植物必须向这个世界播撒大量种子，以期有几粒能长到成年并继续繁衍。例如，橡树的一生中能产生多达 500 万个橡果，即便环境条件不错，能发芽并最终长大的只有少数。甚至在有机会发芽之前，90%~100% 的种子不是死了就是被吃掉了。少数侥幸掉落在一片没有残酷竞争环境地块上的种子得以发芽，但很可能会被吃掉或死于更强植物的竞争。回到那棵橡树，少数从橡果里长出的树苗还要面对天气、病虫害考

当自己所选的和种植的植物因各种原因死亡时你会轻易觉察到。你不容易发现的是大量野生植物不能活到成熟期。

▶ 每棵橡树能产下一吨橡果。在每公顷土地上仅 18 棵橡树的橡果产量就能超过小麦的产量（英国现在的小麦产量是每公顷 16 吨）。

栽培植物失败的主要原因

园艺师有时把失败归咎于自己，实际上花园植物本身的某些内在特点会导致自身失利。

· **种子差**。市场上销售的种子往往不新鲜：必须经过采集、清洗、包装和销售等环节。在此过程中，种子质量会受到影响。

· **天气**。无论在什么地方，每种植物都会受到坏天气影响。如果出现不合时令的霜降或持续的干旱等都会导致植物死亡。

· **过度保护根系**。当你从苗圃购买一株植物时，它们通常生长在花盆这类非自然环境中，而苗圃经常浇水，可能还会施肥和杀虫剂。一旦移植到黏重、湿冷、排水慢或兼而有之的土壤环境中，植物娇生惯养的根系就无法适应。

验，还可能被食草动物吃掉，这一过程长达 20 年，直至自己开始繁殖下一代。如果农民或园艺师培育的植物面临与野生植物相同的成活概率，多数人会承认是失败的。

尽管如此，如果辅之以某些培育和耕作，更大成效会立即显现。在合适环境中，一般认为果树成活率能达到 95%。市场上销售的一盒胡萝卜种子中，能发芽的约占 80%，长成可存活的幼苗的约有 50%。

辣椒里面的空气和外部空气一样吗？

这是一个专业性较强的问题，为此，人们做了许多实验以寻找答案。辣椒外皮平滑，没有气孔，于是有人认为它不能"呼吸"，因而里面的空气一定会有自己的大气环境。

尽管辣椒有光滑的外表，但它的内部和外部之间可能存在有限的气体渗透，否则其内部气体环境中的二氧化碳浓度会高于外部。在一项种子生长实验中，人为降低水果内部二氧化碳量，结果表明此举对种子造成不利影响。结论是，辣椒能很好控制自身内部的微气候从而保证种子的顺利发育、成长。

和往常一样，回答一个问题又会带来新问题：辣椒里的空气在早晨和晚间各不相同吗？随着辣椒生长，里面的空气会变化吗？等等。不管是否有用，互联网上的推测还会持续一段时间。

测试结果表明，辣椒内、外部空气实际上是有差别的。一般情况下空气中氮气含量约占78%，氧气为21%，此外还有少量氩气、二氧化碳、水蒸气和其他气体；相对而言，辣椒里的氧气少2%~3%，二氧化碳则多出3%。

Q 种子怎么知道要向上生长呢？

种子在发芽时一般不会出错儿。无论种在地里什么位置，种子的根部总会朝地里生长，而发出的芽则朝向阳光生长。种子怎么知道朝哪个方向生长呢？它们会搞错吗？

唯一的结果是朝上或者朝下

根部要朝下长，因为如果根系不能使植物固定和吸取水分，就很难生存。实际上，植物根系表现出一种明显的向下生长倾向，用专业术语说就是"向地性"。虽然造成这一现象的机理人们知之甚少，但据说这是位于根尖部的平衡细胞（这种细胞或许能感知重力的存在）发挥作用的结果。如果根尖被破坏，根部将不会向下生长直至被修复为止。旁边

的根向外生长也是同样道理，除非平衡细胞促使其横向而非垂直生长。

芽上也有沿其排列的平衡细胞。这种细胞富含淀粉，而淀粉在重力作用下固定下来从而促进向上生长。由于这类能感知重力的细胞不仅存在于顶端的芽上，也存在于其他每个芽上，因此即便顶芽被破坏，向上生长仍会继续。

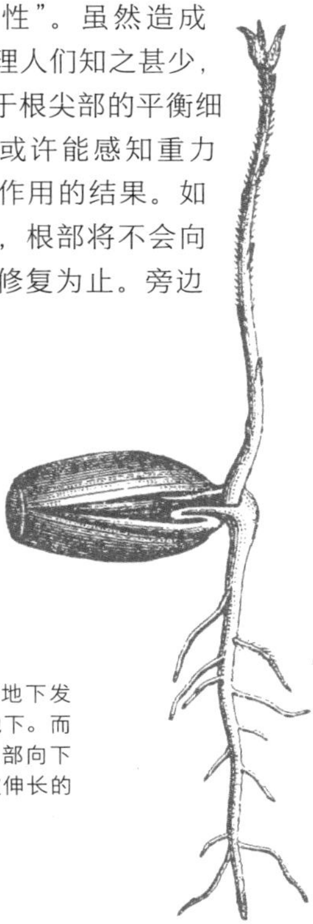

▶ 如图所示，在地下发芽时，种子处于地下。而在地面发芽时，根部向下生长，种子则会被伸长的芽举起。

A 种子在发芽前处于休眠状态，这时它们没有方向感。然而一旦发芽，新的根和芽就能灵敏地感知重力，然后分别向下和向上生长。

水分在植物体内移动的速度有多快？

　　植物在进行光合作用时需要大量水分。蒸发过程意味着植物用水与二氧化碳进行"交换"。这是营养生成过程中的一个关键部分，即在摄入二氧化碳的同时，水分从植物叶子中散失。但要实现蒸发，就得让水分从植物根部到达叶片。

蒸发过程

　　你可以通过一个实验来观察蒸发过程。你手头仅需红色和蓝色食物色料及几株白色康乃馨。

· 以 45 度角切掉茎柄，小心别把它们压碎（否则将破坏其内部结构）。

· 在盛有水的瓶子里加入一些食用色素并将康乃馨放入其中。

· 计算出花朵变色所需时间。然后利用茎柄长度和水分到达花朵所需时间就可计算出水的移动速度。

▶ 中间这朵花的花茎被从中间纵向剖开，然后两个部分分别放置于装有不同颜色的水的瓶子中，于是一朵花出现了两种颜色。

从根部到枝条

从某种程度上说，水的运动速度取决于植物根部吸入水分的速度。尽管如此，在蒸发高峰时，植物叶排出的水量令人印象深刻：炎热夏日，微风徐徐，一棵大树每天会散失多达 2000 升水分，峰值出现在从正午开始到下午太阳开始下沉这一阶段。

有两种方法可以测量水分在木质部脉管（连接植物根部和叶子之间的循环脉管）里的运动速度。第一种是将颜料加入根部吸取的水中，然后计算抵达叶子的时间（见左图）。第二种方法是，向植物根部注入一些水温较热的水，然后计算出在茎柄或主干上流动一段距离的时间。

A 这对雏菊并不是一项巨大挑战。但就林中树木的水分蒸发而言，必须将相当数量的水分提升至一定高度。研究表明，水的运动速度各不相同。正如你认为的那样，水少就快，水量多则慢。

人们在实验中发现，水在不同植物内的运动速度差异很大。橡树就是个典型例子，水可以在半小时内从其树根运动至 23 米高的树顶。关于水在树木中的运动速度，在橡树中为每小时 43.6 米，普通白蜡树中为每小时 25.7 米，而在针叶植物中要慢许多，为每小时 0.5 米。

▶ 这两棵树高度一样，但左边这棵健壮、贪婪的先锋树种白蜡树比右边这棵针叶树能更快地向树叶输送水分。

种子能在水里传播吗？

有些植物的种子特别适于在水中传播，尽管这并不总是它们的主要传播方式，而有的种子则会偶尔被水冲到新的土地上。轻盈、能在水中漂浮的种子自然能在水中传播，它们被冲到离亲本植物很远的地方，并在那里发芽、生长。

在水上游弋

在水中传播的种子不会面临脱水的危险，但它们控制不了自己在哪儿驻足。许多长在河边的植物，它们的种子往往都很轻盈，能飘在水上，多数长在湿润的土地上，如水毒芹（*Cicuta*）以及有毒性和入侵性的大豕草（*Heracleum mantegazzianum*）这两种属于胡萝卜家族（通常种子都很轻而且松软）的成员，它们的种子一般会停在大片且孤立的河岸并在那儿找到合适地点

◀ 水芹属植物沿着沟渠或河边传播。因此须在草地或牧场边修建围栏，以防牲畜误食后中毒。

水是种子传播的一种好媒介，植物有意或无意间利用水进行传播，这也许已经超过了人们的想象。在植物"攻城略地"过程中，溪流、江河甚至大海都在提供相应服务。

生根发芽。有毒的曼陀罗草（*Datura
stramonium*）和许多莎草家族成员
（*Cyperaceae*），也会沿河岸传播。比
较成功的野草通常不依赖某一种传播
方式：比如酸模的种子长有翼，既适
于水上也适于在风中传播，它的翼很
轻，能让种子在水里产生浮力。

偶然造访的旅行者

灌溉系统也是一种常见传播渠
道。在美国进行的一项调查显示，在
哥伦比亚河灌溉系统的水中有不少于
138 种各类杂草的种子，充分说明植
物的投机特性。如今，植物对农药的
抗药性普遍存在，所以要逐步养成对
灌溉用水进行过滤的习惯，以阻断那
些侵略性植物的传播途径。

▲ 海豆是生长于中南美洲河边的热带豆科植物
的种子，在穿越大西洋后经常被冲到英国海岸。

海上漂浮的椰子

利用洋流向新的陆地扩散的各类种子的数量十分惊人，椰子就是其中令人
印象深刻的"水手"：有记录显示，椰子从美拉尼西亚一路漂至澳大利亚东海岸，
有传闻说它们能漂得更远。虽然目前还无法确切说出哪些植物是漂洋过海而来
的，哪些植物的祖先是随人类远航而来的，但毫无争议的一点是，由于种子安全
地包裹在厚厚一层胚乳（我们通常吃到的白色椰肉）内，然后装入一个坚硬的木
质"核"里，最后再配以能漂浮的、有纤维的外壳，于是椰子就拥有了适于海上
长途旅行的理想装备。

花与果

为什么无花果树没有花？

中国人称它为无花果，字面意思是"没有花的水果"。然而，表面现象是具有欺骗性的。虽然树上看不见花，但无花果确实有花，或者更确切一点说，具有承载花的器官，称为隐头花序。它的授粉与繁殖方式确实非常精妙。

无花果奇异无比，我们称为无花果果实的结构实质上根本就不是水果：它是隐头花序，每个隐头花序形成一个空腔，里面排列着微小的花朵。

完美搭档

无花果树可能是雌性的，也可能是雌雄同体的，后者同时具有雌花和雄花，分别隐藏在不同的隐头花序中。无花果需要传粉才能够成熟，传粉过程由一种非常小且非常特殊的胡蜂完成，这种胡蜂的名字为无花果小蜂（*Blastophaga psenes*），长度不过 2 毫米。

胡蜂的生命周期与无花果紧密地联系在一起，二者相互依赖，共生共存。每个隐头花序有一个非常小的自然开口，雌性蜂通过该小孔挤入其中。虽然小孔非常小，乃至于胡蜂在挤入时会失去其翅膀和触须，但这不会影响它利用所携带的花粉进行传粉

无花果是一种隐头花序，生长于经过传粉的植株，肉多汁、味甘甜。

无花果小蜂在雌雄同体植株的雄性隐头花序中出生、成长，然后将花粉携带至雌性花序中。

的能力。这些花粉是它从它出生的无花果树上带来的。一旦传粉完成，雌性胡蜂会产下自己的卵，然后死亡。卵孵化后，幼虫成长，并蜕变为蛹，最终羽化为成年胡蜂，完成雌雄交配后，雄蜂将钻出已经成熟了的无花果。雌性胡蜂钻出无花果飞行至远方，开始生命周期中的新一轮循环，其他动物们将无花果吃掉，并把它的种子传播到四方。

雌雄同株植株上的雌性花朵如果没有进行授粉，便会结出一种无籽果实。这种果实不会长成鲜美甘甜的无花果，人类对这种果实不感兴趣，但是山羊们却对它们情有独钟，很乐意将这种小巧、坚硬的果实纳入自己的日常食谱。

还有其他一些例子，其中植物和它的授粉者结成非常特别的亲密关系，例如红花山梗菜（*Lobelia cardinalis*），它的红色花朵只能由蜂鸟进行授粉，而蝴蝶兰这种作为室内花卉被广泛出售的兰花，会开出一种

圣女果

无花果小蜂只生活在温暖的气候环境中。在寒冷的国家，人们还培养出了一种无须受精就能够成熟的单性结实无花果。通常情况下，这种果实的品质不如受精后的无花果，估计你不会想将其放入你的无花果布丁中，但如果没有胡蜂来进行授粉，则种植这种无花果是不错的选择。

类似飞蛾的花朵，随风摇曳，吸引飞蛾前来，将花粉从一朵花传播到另一朵花。

苹果真的只掉落在苹果树附近？

古谚有云：苹果只会落在苹果树附近。当然这是有重力作用作保证的。但是，为了将种子传播到足够远的地方，既能保证树苗成长，又不至于与它的亲本竞争阳光与营养，苹果树有着自己的策略。结出非常美味的果实就是它的策略的一部分，

动物吃了苹果后，不仅能将苹果的种子带到新的地点并在那里生长，而且在它去往新地点的过程中，种子也经历了通过动物消化道的过程，这一过程有助于种子在新地点快速发芽。

苹果树要结出个头大、味道鲜美、多汁的果实，需要付出高昂的代价。然而，亲本对这一点早已成算在心：如果结出的果实能够吸引路过的动物并且被他们吃掉，那么，苹果种子就可以被动物排泄到远处。

有其父必有其子？

苹果树为了传播后代付出了很高代价，尽管如此，但当后代长成时，苹果树可能无法识别它们。因为苹果的基因构成非常多变，由种子成长起来的苹果树很少会与它们的亲代相似（园艺专业术语"随"）。苹果难于扦插是人所共知，因此，如果想要一棵苹果树不折不扣地结出某种特

▶ 橘苹（Cox's Orange Pippin）的果实与枝条，此外布瑞本苹果（Braeburn）、橘苹、嘎啦苹果和可煮食的苹果（Bramleys）是英国的主要苹果品种。口感鲜美的苹果在欧盟国家最畅销。

 "拐把子"（Hyslop）苹果（*Malus*）。这是一种大型沙果，原产地不详，首次记载见于1869年。表皮暗红，略显紫色。它的名字有时被拼成"Hislop"。

定的果实，需要通过嫁接的方式来繁殖果树。也就是将特定亲本的一个芽段插入一棵相同或相似品种的年轻植株（称为砧木）的切口中，使两棵植株的维管生长组织精准地贴在一起。一段时间后，嫁接的芽便会成活，长成的植株将结出与嫁接芽品种一样的果实。

有胜于无

北美地区具有特别丰富的、古老的且一直流传的苹果品种。据说，其中的部分原因是，在第一批西行者的年代，由于运输工具既慢又不可靠，要想将苹果树运送到人迹罕至的地区并且加以栽培是极为困难的，这使得他们除了利用苹果种子在新的种植地培育幼苗之外别无选择。虽然这种方法并不可靠，但至少种子易于携带。这就导致了果树品种变化极大，而且品质也较差。但是，在早期的开拓阶段，有苹果总比没有强。来自不同种系的苹果种子经过广泛种植，产生了一个庞大的、多样化的苹果种群，其中一些优质的品种，通过嫁接繁殖和传播，已得到广泛种植。

为什么花的种类这么多？

植物不像动物，它无法行走，因此无法寻求自己的配偶。为了繁殖，它需要寻求帮助，这就是它们如此多样化的秘密所在。寻求帮助的方法多种多样，这些方法的作用已远远超出了保证植物自身生存繁衍的需要，这也使得植物对于其他系统来说异常重要，不管是微观系统还是宏观系统。

传粉，是植物需要寻求帮助的事项之一，每一种花要么能吸引一种花粉携带者，通常是一种蜜蜂或者其他昆虫，偶尔会是一种鸟，甚至是一种蝙蝠。要么必须长成能够利用空气流动来传播花粉的结构。

为了获得某种超越竞争者的优势，花朵们进化出了各种各样的妙招：或者是以它们的结构、颜色、香气引起传粉者的注意，或者是用花蜜来吸引昆虫传粉。经过进化，许多花

开花植物不仅需要开花，还需要授粉、结子，进行繁衍。植物们已经演化出了各种不同的手段来实现这一目标。

对某些特定的昆虫或昆虫群体具有吸引力，例如，钟形花朵对于体型圆润、长着长长的吻的蜜蜂来说是一种理想的形状，它们可以爬到花朵内部，利用其吻来获取花朵底部的花蜜。而某些高度进化的蜜蜂兰（*Ophrys apifera*）干脆就长成它们需要其来为自己进行授粉的昆虫的形状。

自花授粉

四分之三的开花植物在同一朵花上结合了雄性部分和雌性部分。虽然自花授粉很难说是一种理想的方式，大量植物采用的还是异花授粉，这也导致了生物多样性的出现。如果无法实现异花授粉时，这也不失为一种退而求其次的方法。

蜜蜂兰

重瓣花是什么？

重瓣花很具辨识性，它们看上去全是花瓣，比单瓣花更加圆润、蓬松。与此相比，单瓣花通常具有一个可见的中心，中心有雄蕊和心皮，分别是花朵的雄性和雌性生殖器官。

大丽花
（*Dahlia hortensis*）

A 重瓣花具有一层额外的花瓣，这使它们看起来特别引人注目。为了这一层额外的花瓣，大多数重瓣花牺牲了它们的雄蕊和心皮。

重瓣花产生于自发突变。由于它们缺少了单瓣花具有的生殖器官，既没有花蜜也没有花粉，没有任何吸引昆虫的手段，不具备繁殖能力。即使昆虫光顾了它们，它也没有花粉供昆虫携带至其他花朵。所以，重瓣花的繁殖通常只能通过人工手段实现：插条、分株，或微繁殖。尽管有这些天然劣势，由于它们艳丽的外观，因此需求旺盛，敏锐的园艺家们也看好它们，将它们当成新宠加以栽培。

混合重瓣

重瓣花不育的情况也有例外。有些重瓣花并没有以牺牲生殖系统为代价，在这种情况下，花瓣取代的是花朵的其他器官，比如苞片。例如，重瓣向日葵（*Helianthus*）实际上是对花的结构进行了重构，用额外的外层花瓣取代了内层花盘上的小花，而这些小花本来是构成花盘中心的。

有没有办法鉴定一朵花是雄花还是雌花？

绝大多数的花是两性花，它们同时具备雄性和雌性器官，植物学上称这种花是"完全的"。花的雄性部分是雄蕊以及上面的花粉，雌性部分是心皮，心皮的基部是子房。配子，也就是植物的生殖细胞，分别存在于花粉颗粒和子房中。

大部分花是两性花，既有雄性器官，也有雌性器官。只要具备少许花的解剖学知识就可以很容易地识别出它们的生殖器官，当然对某些微小的花而言需要借助放大镜。

不同部分的名称

花的外围部分，即花萼和花瓣，与花的性别无关。更靠里一些，你将看见雄蕊，呈丝状，每个雄蕊柱的头部有一个花粉囊，花粉颗粒即产生于其中。雄蕊的集合称雄蕊群，雄蕊群的排列各有特色，可能非常精致、复杂，当农学家试图对某一不熟悉的花进行鉴定时，研究雄蕊群的排列方式会很有帮助，因为它是相互有亲缘关系的植物共有的一种特性。

▼ 花朵的中心部位为子房，其中包含着种子的前体（胚珠）。柱头具有黏性，以便收集花粉。

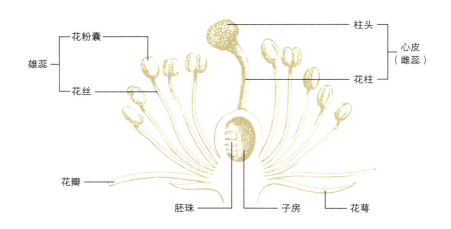

雄蕊 ─ 花粉囊
花丝

柱头
心皮（雌蕊）
花柱

花瓣
胚珠   子房   花萼

单性植物

　　尽管大部分花在一朵花上既有雄性器官，也有雌性器官，但也有很多例外的。有的植物，例如榛子（*Corylus*），在同一植株上分别具有雄性花和雌性花；也有一些植物是单性的（植物学专业术语称为"雄雌异体"），要成功进行授粉繁殖，必须要遇到另外性别的植株。比较著名的此类例子是日本虎杖，在英国，当初只有雌性植株被引进，没有雄性植株进行繁殖。尽管如此，日本虎杖通过根茎繁殖，雌性植株还是在这片新的土地上成功实现了困境突围，其入侵速度之快令人瞠目结舌。

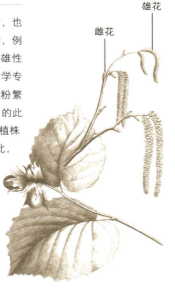

雌花　雄花

欧榛（*Corylus avellana*）

　　通常情况下，心皮位于花的中心部位，有时作为一个独立单元存在，但有时也会融入其他单一构造或构造群（花朵可能具有一个，也可能具有多个构造）。对应于雄性器官的雄蕊群，雌性器官的集合成为雌蕊群。不同种类的花的雌蕊群排列方式有很大差别，你能够见到的最简单方式，是雌蕊或雌蕊群位于中间，周围环状排列着花柱，例如毛茛（*Ranunculus*）。

毛茛

当蜜蜂注视一朵花时，它们看到了什么？

先有花，还是先有蜜蜂？科学研究认为，早期的蜜蜂出现在花之前，或者至少是出现在我们今天所认为的现代意义上的花的前面。因此，有很大的可能是花的进化是为了取悦于蜜蜂，而不是蜜蜂为了适应花的变化而发生进化。

早期进化形成的花，例如木兰花，其目标似乎是吸引尽可能多的传粉者。但是，随着时间的推移，进化策略发生了改变，植物的进化目标变为吸引特定的昆虫传粉者。最适合由蜜蜂来传粉的植物需要以蜜蜂看得见的方式来展示自己。虽然蜜蜂可以看见紫外线，但它们硕大的复眼却看不精准，无法像我们那样区分出花朵的不同部分。

鸟、蜜蜂，还是蝴蝶？

每类传粉者都有自己喜欢的颜色波谱范围，依赖蜜蜂进行传粉的花朵进化出了蓝色—紫色的颜色范围（特别是一些还反射出我们无法看见的紫外线）；鸟类喜欢红色或橘红色花朵；而蝴蝶对颜色的喜好更加开放，包括橘红、黄色，还有红色以及粉红；蝙蝠与飞蛾有它们自己的夜行喜好，它们喜欢的颜色是一成不变的白色，不受色彩变化的影响，但却总是喜欢强烈的气味。

◀ 蜜蜂将花蜜作为能量来源，并在它们的后腿上收集大团的黄色花粉，为幼蜂（幼虫）提供蛋白质。

通向成功之路

采用模仿蜜蜂视觉的相机所拍摄的花卉照片通常具有非常明显的条状、斑状，以及同心圆模式。这些在蜜蜂眼里，会起到跑道指示灯的作用，告诉蜜蜂在哪里可以得到花蜜，并顺便可以收集到花粉。我们眼中的颜色在蜜蜂看来并不总是那么重要。尽管它们的视觉范围自然地倾向于蓝色和紫色，但如果颜色模式的导向作用足够强烈的话，也可以拓展到其他颜色。例如，蜜蜂喜欢鲜红色的钓钟柳以及大丽花，尽管我们知道蜜蜂并不能看到红色，这是因为花朵的斑纹模式足够鲜明，即使没有颜色对它们的视觉系统施加额外刺激，也足以吸引到它们。

钓钟柳
（*Penstemon gentianoides*）

A 蜜蜂看到的颜色与人类看到的不一样，它们可以看见紫外线和一系列蓝色、黄色、绿色以及紫色光，但看不到红色光。因此，许多我们所熟悉的花在蜜蜂看来，是有着很大的不同的。

无籽的水果怎样繁殖?

在商店里，小柑橘、脐橙，以及其他一些柑橘类水果经常被宣传为"无籽水果"。很显然，它们吃起来不用吐籽，很方便。但是，在无籽的情况下，如何长出新的果树?

单性结实水果有一些不足之处。使水果膨大的激素仅存在于经过受精的种子之内，因此单性结实的水果通常个头较小（通过人工施加激素方式，可以克服这一倾向，产出个头更大的水果）。没有种子意味着果农必须通过嫁接来获得新的植株。尽管如此，无籽水果仍大受欢迎，使这些不足都显得微不足道。

还有另外一些来源各不相同的无籽水果。例如，无籽葡萄的来源就是另辟蹊径。它们确实经过了授粉，果实内也含有种子，但一种基因突变使得这些种子并没有长出起到保护作用

无籽柑属果实来自单性结实植株，也就是无须授粉就能结出果实的树。对果农来说这一点很重要，因为他们再也无须为授粉过程而担忧。

的硬壳，反而变得枯萎了，成了无籽水果。

康富伦斯梨（*Conference Pear*）是欧洲出产的一种最常见的梨，天然具有单性结果的习性，因此即使在不利于自然授粉的气候条件下也可以获得丰收，果农通过使用一种特殊的天然激素——赤霉酸，可使这种单性结果的习性得以强化。

◀ 如图所示，康富伦斯梨果实通常含有种子，外观呈正常的梨形。而未经授粉结出的果实则种子萎缩，外形更长，不像梨形。

为什么花朵会散发气味？

花朵发出何种气味，既取决于它所含的气味分子的数量，也取决于各种气味分子所占的比例。不仅如此，而且气味还是可变的，在不同的时间段、不同的季节，花朵可以调节它所散发气味的强度和质量。

对人类而言，大多数花朵所散发的气味是令人愉悦的，园丁们呼吸着植物的气味，乐此不疲。但是，对于植物来说，气味是它们生存竞争中的重要武器。一些在夜间开花的植物，例如百合（*Lilium*）、烟草，以及在夜间散发香味的暗香紫罗兰（*Matthiola*）等，均以它们馥郁的香气而著名，这是因为夜间传粉者无法看到它们缤纷的色彩。而在白天开花的植物，则有着变化多端的气味。依赖蜜蜂和苍蝇传粉的植物花朵通常散发甜味，而依靠甲虫传粉的植物则更倾向于具备麝香味、辛辣味等。

当我们看到一片花园时，很难体

🔺 烟草花（*Nicotiana sylvestris*）具有白色的花朵，能在夜间散发出特殊的芬芳气味。对于依赖夜间飞蛾进行传粉的植物来说，这是一种典型的特征。

气味仅是其携带者吸引传粉者的手段之一，特别适应用来吸引一些夜间传粉者，例如飞蛾、蝙蝠等。对此类动物而言，气味的吸引力要大于颜色。

会到其中正在发生的生存竞争。然而对植物而言，繁殖能力能否适应环境将是生死攸关之事，它们的任何手段都要经历实际效果的检验，不管这些手段是颜色、结构或气味。

水果与蔬菜的区别是什么？

在厨房里，蔬菜和水果具有不同的用途。那么，它们是否就因此而具有显著的差别呢？或者说，作为食材，是否存在着一种可靠的方法，让我们在主观判断之外来区分它们？答案是：就某种程度而言，这要看情况而定。对一般植物是这样，对水果与蔬菜也是这样。

一条基本规则是，水果中有种子，而蔬菜则没有[1]。但存在一些特殊情况，例如无籽葡萄，很容易使这样一条简单规则遭到破坏。所以更精准一点说，水果是由植物的子房产生的，而植物的所有其他部分，如花蕾、茎、叶、根等，都属于蔬菜范畴。

除了这种技术层面的划分之外，在日常生活中区分它们的方法是我们享用它们的方式之间的区别。通常被我们当成蔬菜吃的水果比比皆是，如茄子、豆荚、小胡瓜、西葫芦、荷兰豆、辣椒、南瓜、西红柿等，它们都是技术层面上的水果，但我们却把它们当成蔬菜来享用。由烹饪方式得出的定义并不遵循植物学的分类。不仅如此，不同的烹饪体系也经常使蔬菜与水果的角色发生转换。例如在许多亚洲菜肴中，瓜类就被当成一种蔬菜。

◀ 茄子可长出坚实的果实，植物学领域将其归类为浆果，其中含有大量的种子。

1　按植物学定义，水果为植物的果实，包括种子或种子的部分，如苹果、草莓、桃子等；蔬菜是指植物的其他部分，包括叶、根、茎、花等，如菠菜、胡萝卜等。

什么情况下浆果不为浆果？

更加令人迷惑的是植物学领域定义的浆果，它完全颠覆了我们通常的认知。从技术上说，浆果是单独一朵花的产物，其中植物的雌性生殖器官子房的外壁成长为果肉，是可食用部分。这就是说，牛油果与西红柿是真正的浆果，而覆盆子和草莓则不是。

牛油果（*Persea americana*）

那么它们是什么？

草莓果是花托，在它的外层表面上点缀着细小的种子。种子释放激素，促进"水果"的成熟。而覆盆子则是多个子房组成的产物，这些子房位于同一朵花中，称为聚生，其中的每一个小单元自身就是一个浆果，包含一颗种子。这些小的独立单元每一个都具有自己的表皮和种子。作为一种食物，覆盆子富含纤维素。

草莓（*Fragaria* × *ananassa*）

覆盆子（*Rubus idaeus*）

花朵"加油"的速度有多快？

当传粉昆虫在花上停留时，它们吸食花蜜，并同时收集花粉，把花粉携带到另一朵花上，由此帮助植物完成繁殖。然而，一朵花能够接待多少传粉者？如果有多个访问者，它能够以多快的速度重新产生花蜜？

植物能产生花蜜以吸引传粉者（风媒传粉植物不产生花蜜，因为它们不需要），只要花朵处于开放期，花蜜就会源源不断地产生。花朵凋谢时，花蜜生产也就停止了。花蜜的释放速度因花而异，有些花以均匀的速度释放，而有些花则能短时间内暴发式地释放。研究发现，花蜜的释放方式似乎在很大程度上是为最经常来的传粉者量身定制的。

从能量消耗的角度来说，植物产生花蜜需要付出高昂的代价，所以它们在提供花蜜时要进行精心算计。有证据表明，花朵被光顾的越频繁，其生产花蜜的速度也越快，而且有些植物还具备配额系统，用以控制花蜜再生的时机。

举例来说，龙舌兰（*Agave americana*）的传粉高度依赖于蝙蝠，虽然每天都可以产生大量花蜜，但却只在黄昏来临时才加以释放，用以款待这种夜间来访者。而且，它的花蜜存放在花朵的深部，即使有着长长舌头的蝙蝠也需要深入花朵内部才能吃到，以此保证在蝙蝠们得到所觊觎的花蜜时，身体上也会沾满花粉。

◀ 龙舌兰在傍晚来临时释放花蜜，用以款待夜间的访客——蝙蝠，这是它们的主要传粉者。

其他一些依赖于日间飞行昆虫传粉的植物则按照与此不同的时间标尺来提供花蜜，有些是半小时，有些可能是一整天。至于传粉者如何知道它们的"食品柜"到底是空的呢还是满的，就我们所知，蜜蜂在离开时会留下它们的特定气味，以此告知后续造访者，该处花朵不值得再次造访。

另有用途

有少数的花朵的蜜腺不在花的里面，而是在花的外侧，如牡丹和牵牛花。据信，这种情况只占开花植物的1%~2%。在这种罕见的情况下，花蜜并不是作为一种诱饵来吸引传粉者，花蜜的这种放置方式也意味着它根本就不是传粉过程的要素之一。那么，植物还要产生花蜜做什么？虽然还没有确凿的证据，但研究似乎表明，这种糖汁另有任务，它能够吸引捕食性昆虫的造访，例如蚂蚁与甲虫等，这些造访者会在享用花蜜的同时捕食一些植食性害虫。否则，这些害虫将会对植物造成伤害。

顶级酿蜜者

哪种野花是最好的酿蜜者？经过考察，很多植物都表现良好，但白三叶草则几乎总是独占鳌头。在一天之中，这种植物不间断地生产花蜜，吸引各种不同的传粉者。2007年以来在英国开展的一项研究发现，仅是3种植物（白三叶草、帚石楠、沼泽蓟）就产生了几乎占全英国可供传粉者享用的花蜜的一半。

▼ 当蜜蜂收集花粉并将其放置在后腿部时，它会产生静电，这有助于花粉的附着。

Q 向日葵花盘真的能随着太阳转吗？

　　长久以来有一种说法称：不管太阳处在什么位置，向日葵的花盘总是朝向太阳。虽然这种说法并不完全准确，但其中确有一定的事实依据。

维持平衡

　　科学事实是，在日间，未成熟向日葵（Helianthus）的茎的背光面生长得更快一些，这意味着花盘将朝太阳的方向倾斜，日落时面对西方。然而日落后，为了平衡，它的另一侧面将加快生长，因此到早晨时，花盘将再次朝向东方。计算表明，通过以这种方式进行旋转，生长中的向日葵可以多吸收达 15% 的阳光来进行光合作用。

太阳礼拜者

　　确实有一些植物会追随太阳，这种现象称为向光性。这类植物一般生长在恶劣的环境中，在那里，即使很小的额外暖阳也能够决定植物是成功结籽呢还是繁殖失败。

　　A 向日葵花盘确实面向太阳，这是保证它在成长阶段能最大程度进行光合作用的一种手段。但是，一旦达到成熟，它就会朝向东方，并且一直保持这种朝向。当你种植向日葵作为边界篱笆时，应当记住它的这一特点。

向日葵（*Helianthus annuus*）

为什么有些绣球花是蓝色的，而另一些是粉色的？

花朵的颜色受其自身化学成分的影响，也会受到环境的影响。根据所生长的土壤性质的变化，绣球花（*Hydrangea macrophylla* 或 *H. serrata*）既可能从蓝色变为粉色，还可能再变回蓝色。

生长在铝含量高的土壤中的绣球花呈蓝色，但颜色深度将取决于植物中花色素苷的含量，含量越高，颜色越深。但是，如果土壤中不含铝，绣球花将呈现粉色，颜色深度仍然取决于植物中的色素含量。

蓝色与粉色之间的变化既取决于植物中色素的含量，也取决于土壤中铝的含量，其中铝是关键。在酸性土壤中通常含有大量的铝元素，但在碱性或白垩质土壤中则含铝很少。

大叶绣球花
（*Hydrangea macrophylla*）

操控自如

园丁中"这山望着那山高"的倾向可能意味着，如果你有了蓝色绣球花，你还会希望有一棵粉色的，反之亦然。如果在你的花园里铝的含量不足以孕育出蓝色花朵，你可以用添加了硫酸铝溶液的水进行灌溉；相反地，如果你已经有了蓝色花，而你希望得到粉色的，你可以往水里添加石灰（碳酸钙），在植物的根部附近进行灌溉。石灰的一个副作用可能会使植物的叶子变黄，但你可以在变黄的叶子上喷一种螯合肥料来使其转绿。

为什么有些年份苹果大丰收，而来年却鲜有收获？

果树真的有大年小年吗？如果是真的，这又是为什么？它们何不每年都产出数量适度的果实？ 这种现象是只在果园里发生，还是会发生在任何栽培树种中？

苹果树有一种习性，就是在它开花、结果的同时萌发出新的花芽，提早为下一季的开花结果做准备。这对它是很不利的。果实的成长需要耗费果树的大量养分，有时留给培育新的花芽的养分就很少了，因此来年的花朵就会很少，果实寥寥，令人失望。这种现象会周期循环，坏收成年份中果实很少，意味着果树可以保留出更多的能量为来年的开花结果做准备，在来年获得好收成。

收成的大年小年确实是一种常见现象，被称为"大小年"，不仅苹果树有，其他树也普遍存在。它之所以发生，是因为众多因素决定着丰收／歉收周期的存在。

在精心管理的情况下，苹果树会不时出现大丰收的情况，造成供过于求的现象，这也为生产果汁、干果片，以及酸辣酱提供了大好的机会。

培育苹果树的 3 条有益措施

春天，将新生的细枝条下压。这将使果树误以为这些枝条已挂果，会刺激花芽的萌发，在来年将会开花结果。

适度施肥。过度施肥通常只会使果树枝繁叶茂，而不是硕果累累。

不剪枝。但可以剪除多余的、不需要的分枝（甚至也可以剪除一部分将在来年开花结果的树芽）。

这对树木有什么好处？

苹果树并非是有这种生长习性的唯一树种。其他树种，特别是一些山毛榉属（*Fagus*）以及栎属（*Quercus*）树种也具有丰年与歉年交替的现象（对于这些森林树种，丰年被称作"结果"年）。有证据表明，有许多鸟类和其他动物对橡子和山毛榉果实趋之若鹜，会吃掉全部果实。但在丰年的情况下，由于果实异常丰盛，总会有吃不完的部分成为繁衍的种子。而在歉年的情况下，由于食物不足，会影响到这些动物的繁育。所以，这是树木在自然环境中建立的一种平衡。

对苹果树来说，丰年／歉年交替的原因可能不在于此。毕竟，苹果树"希望"它们的果实被吃掉，以便它们的种子被带到远方，开疆拓土。更有可能的是，为了提高生产力，人们长期对它们精心培育，使得它们过度结果，耗尽了自身的能量。

竹子开花后就会死去吗？

竹子具有数千个品种，可以在花园的每一个角落里生长。有时，那些钟情于竹子的风姿、熟知其生长习性的园艺师们会不安地发现，他们心仪的竹子开花了——根据民间的说法，竹子一旦开花，必死。

虽说开花对竹子而言是灾难，却真的是非常少见。竹子的生长速度几乎比任何其他植物都要快，但却要经历十几或二十几年才开一次花，某些竹林甚至已经生长了一个多世纪了，也不见开一次花。当然，一旦开花，它们不会就此止步，它们的叶子会发黄、枯萎，竹子顶端长出大量高高的、毛茸茸的、看似青草的穗，在风这一传粉使者的帮助下，结出大量的种子。对于为何要结出这么多种子，我们并不清楚，但农学家们推测，如此大量的种子可以保证不会被动物们全部吃掉，留下足够多的后代继续繁

◁ 龙头竹（*Bambusa vulgaris*）是一种热带竹子，被广泛应用于建筑材料。有报道称，它的开花周期是 80 年，开花后并不产生可用于繁衍的种子。

确实，竹子开花对自身的消耗比大多数植物要多，但是关于它开花后会彻底死亡的说法是被夸大了。开花后，若能给以悉心的照料，它们是可以恢复的。

衍生长。在那些将竹子当成农作物进行大规模种植的国家，所有的竹子一般会在同一时间开花。

对于这种经历一次开花结果后便会死去的植物，我们称之为一次性结实植物。许多常见的多肉植物，例如莲花掌属（*Aeonium*）和金阳草属（*Aichryson*）植物，也有这种特性。

竹子是木本禾本科植物。禾本科本属草本，而木本则指乔木与灌木。但在园艺实践中，将竹子当成木本更符合实际感觉。

怎样挽救竹子

如能采取一些积极措施，有可能改变竹子濒临死亡的局面：

· 发现有任何竹子枝条先行开花，立即进行清除，这有可能避免植株全面开花。

· 如果植株继续开花，将竹丛在近地处砍断，并进行施肥、浇水。

· 来年春天，多施氮肥。

如果运气好的话，就可以从底部长出没有花的新鲜枝条。

如果所有措施都不奏效，还可剪下一些花头，装在纸袋里，干燥后筛出种子，利用收集的种子再行种植。

植物是如何呈现出各种不同颜色的？

植物如何产生出五彩缤纷的颜色？这一问题的重要程度丝毫不亚于"为什么"它们要产生如此颜色。超过四分之三的开花植物依赖昆虫等动物进行传粉，因此它们具备的生物化学特性会最大限度地提高传粉的机会。在花的"武器库"中，颜色是一种重要的"武器"。

一系列色素决定了花朵的颜色。色素可以划分为几类，花色素苷使花朵呈现出红色和蓝色，类胡萝卜素体现出的是橘色和黄色，甜菜红色素产生紫色，白色和淡黄色则来源于花黄色素。每种花朵可能有不同的色素混合配方，因此产生了姹紫嫣红的色彩，其间细微的差别，也只有在自然界中才能找到。其他一些因素也可以影响花朵的最终颜色，例如，土壤的 pH 值可以强化或弱化颜色的最终效果。

除具备众多的技能外，植物还是出色的"化学家"。它们可以将大量的色素分子相互混合，产生令人眼花缭乱的色彩，以有效吸引特定的传粉者。

为悦己者容

美国作家迈克尔·波伦（Michael Pollan）认为，某些植物花朵的进化不仅是为了吸引传粉者，也是为了取悦人类。这只是一种推测，其背后的逻辑是，人们更喜欢栽培那些具有美丽花朵的植物，因此而增加了它们的生存机会。

香豌豆（*Lathyrus odoratus*）是地中海地区的一种一年生植物，开粉色花。经过了 200 多年的选育后，目前已可以开出白色、粉色、蓝色、紫色、红色等颜色的花。

为什么花粉会使一些人打喷嚏？

如果你的喷嚏打个不停，你能否说清是否与花粉有关？ 季节是一个因素——花粉诱发的喷嚏是季节性的，因此如果你的喷嚏是在隆冬时打的，罪魁祸首可能不是花粉。如果你的喷嚏不是打一两次，而是反复不停，则很大可能是花粉惹的祸。如果你的鼻子堵塞、喉咙发痒，那大致上就可以归咎于花粉过敏了——令人遗憾的是，花粉过敏的副作用已超出了打喷嚏的范畴。

因为潜在的浪费是无比巨大的，因此许多风媒草本和树木都会释放巨量的花粉。在我们鼻腔内部，非常纤细的鼻毛可以过滤掉空气中大多数潜在的刺激性物质，但如果这种物质颗粒足够小，就如花粉那样，它们就可能成为漏网之鱼。即使你不会过敏，这种微小的尘埃也会使你打喷嚏。如果发生过敏，后果将更加严重。

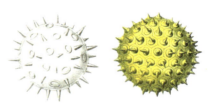

▲ 每个物种的花粉都在自己坚硬的外壳——称孢子外壁——上含有一种独特的标记，在扫描电子显微镜下可以看到这种标记。

尘埃入侵者

花粉中的某些分子具有额外的刺激作用，可以引发一部分人的强烈反应。在某些树木或草本花粉中，经常可以发现这些元凶。例如，桦树的花粉就是出名的讨厌鬼，因为它们含有一种特别的蛋白质分子——Bet v I，它的名字听起来不怎么讨厌，但这种蛋白可以使受害者的免疫系统产生强烈反应。正常情况下，免疫系统的目标是保护身体不受感染，但这种情况下，它会把花粉误认为外来入侵者，并立即开展清除行动，并产生令人讨厌的结果。

花粉颗粒非常细小，它们进入黏膜系统，产生刺激性作用。如果你有过敏症，某些特定花粉可能会引起更加严重的后果。

有没有纯蓝色的花？

天然纯蓝色的花十分罕见。通常当你认为你看到的花是纯蓝色时，再仔细查看就会发现，你原本所认为的蓝色更接近其他颜色。例如，仔细观察蓝铃花（*Hyacinthoides*）就会发现，其实紫色才是主色调。

如前面所说，花的颜色由植物化学决定。虽然植物中没有纯蓝色的色素，但通过改变植物内部的化学成分，也可以在一定程度上克服这一缺陷。

大约有 10% 的花朵是蓝色的，或者近似蓝色的。对母本植物而言，即使要开出接近蓝色的花，也要付出很大的努力。植物可以用于产生最接近蓝色的色素是花色素苷，但在自然状态下它会产生淡淡的红色。为了呈现出蓝色，植物内部环境需要是碱性的。不可思议的是，植物自身可以改变树液的 pH 值，产生这种有利的碱性环境，诱导花色素苷呈现出蓝色花朵，而不是在低 pH 酸性环境中所产生的红色色调。

对产于非洲的百子莲（*Agapan-thus*）而言，蓝色来源于花翠素与琥珀酸（一种有机酸）的复合作用；而绣球花的蓝色则来自花翠素（另一种有机酸）与铝的复合作用，如果没有铝，所产生的花会是红色的。通过向土壤中添加硫酸铝来产生更多的蓝色绣球花，是园林中通常的做法。

矢车菊（*Centaurea cyanus*）

花翠素是一种蓝紫色色素，存在于蓝色燕草属植物（*Consolida*）和飞燕草（*Delphinium*）的植株内。这些花的"蓝度"都受到树液 pH 值的影响，树液中的碱性越强，花的"蓝度"越深。

令人欲罢不能的蓝玫瑰

纯蓝玫瑰（*Rosa*）是园艺栽培者的圣杯，这种花并不存在于自然界中，几十年来，人们一直试图培育出这种花。理论上说，如果栽培者知道何种色素以及化学成分产生蓝色，这是可能的。2008 年，一家日本公司宣称培育出了第一朵蓝色玫瑰，并为此大作宣传，但当这种花展现在公众面前时，却被发现更接近银色紫丁香。人们对蓝色玫瑰的追逐却仍未止步。

花的颜色仅仅是植物吸引传粉者的手段之一，其他还有花的大小、形状，以及能否吸引特定传粉者的一些特征。对蜜蜂而言，蓝色花特别有吸引力，但其他颜色也同样有吸引力，最重要的是各种不同特性的综合作用。

人造蓝色

当然，人造蓝色更为复杂。园艺工作者现今掌握的科学手段足够强大，可以向花色素中添加化学分子，以改变植物的自然色彩。

为什么花朵在夜间会闭合？

　　并非所有花朵都会在夜间闭合，但对于那些夜间闭合的花朵来说，原因是各种各样的。花朵闭合可以使其脆弱的生殖器官避免各种潜在的伤害，例如冷空气、露水，甚至是霜冻。或许还可以保护它的花粉和花蜜，避免被夜间飞行的昆虫们吃掉，与植物所期待的日间传粉者相比，这些夜间活动的昆虫传粉效率很低。

糖开关

　　人类受内部生物钟控制，夜间睡觉，白天清醒。与此相类似，植物也有其生物节律。植物与时间相关的一些行为受基因控制，光线的明暗变化会影响到这些基因，从而激发出生物的节律行为。植物花朵开放和闭合的时间非常精准，这很可能是它们进化

　　并非所有花朵都会在夜间关闭。但是，采取了这种行为的花朵可以保护其生殖器官不会因寒冷而受到伤害、保护花粉不被不受欢迎的夜间飞行者浪费。

的结果，目的是在传粉者最活跃的时间内开花。它们不仅能感知时间，而且反应迅速，可以关闭或打开调节花瓣中糖含量的基因。当开关被打开时，花瓣中含有更多的糖，渗透作用可以保证有更多的水分流向花瓣，以保持花瓣张开。而当开关关闭时，糖含量降低，花瓣会因失水而关闭。

　　普通的雏菊（Bellis perennis）白天开花，夜间关闭，因此人称"昼之眼"。

用花来报时

　　现今，大多数花钟（floral clocks）只是简单地将花在花坛上种植成钟表盘面的形状。作为一种形式化的种植模式，在度假村中很常见，顶多也就是再增加一套表盘的结构，以几个表针来指示时间。

　　然而在过去，花钟却可能更加精致，有时甚至达到"巴洛克"风格的复杂程度。19世纪，喜欢张扬的园艺家们从花开花闭与时间的相关性中得到灵感，利用花作为时钟来显示时间。经过精心选择的一系列花卉，可以在一天的不同时间内，在"表盘"上的相应位置或开或闭，以此表示出当前时刻。虽然花朵主要由其内部生物钟控制，但外部环境，例如湿度和温度，也会影响它们的性能，所以这不可能非常精确，但这种方式肯定非常有趣。至今犹存的一件作品可以上溯至1822年，共有24种不同的植物，均在同一季节开花。

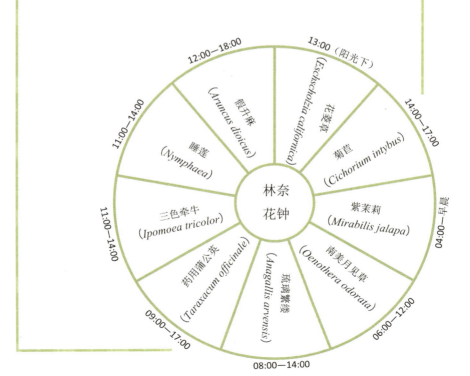

地表之下

蚯蚓是怎样工作的？

如果说，蠕虫的身体就是一根管子，一端是嘴，那么另一端你应该知道是什么，而事实上它们就是这个样子的。除了在园林中所见到的物种，它们还有成千上万个品种。园林中特别常见的蚯蚓有两种：普通蚯蚓和红纹蚯蚓，分别生活在土壤和堆肥箱中。

蚯蚓一般进食植物的落叶等有机物，然后在"肠道"中消化，"肠道"从身体的一端延伸到另一端。

同所有其他动物一样，蚯蚓必须呼吸。它的呼吸是通过皮肤进行的（皮肤必须始终保持湿润）。蚯蚓有循环系统，内有血液，还有另外一套系统来使血液在全身流动。它的中枢神经系统支配着每一个环节肌肉的活动。它的环节上长有刚毛，以抓紧土壤，并且能分泌黏液来润滑路径。蚯蚓没有大脑，但这并不意味着它们就很简单。蚯蚓在土壤里行动敏捷，它不仅能挖地道，还能寻找和处理食物，并能迅速逃离捕食者。

园丁之友

达尔文时代以来，科学家们已经确认蚯蚓对土壤的重要性了，并且指出，施加堆肥和粪肥之所以是培养土地肥力的重要措施，是因为这样的措施能使蚯蚓大量繁殖，它们在土壤中打洞，使土壤的渗透性增强。即使少量的有机物也能使蚯蚓大幅度增加，这样的特性在免挖园艺和免耕农业中被广泛认可。

A 简单来说，蚯蚓就是一根管子，从一端进食有机物质，经过消化，再从另一端排出能增加土壤肥力的物质。它们通过皮肤呼吸。

▶ 围肛是最后一节，包含肛门；生殖带是生殖系统的一部分，用于产卵；蚯蚓的各节长有类似鬃毛的刚毛，在运动过程中起固定身体的作用；口前叶是一种肉质的叶状突起，既用作感觉器官，也在休息时用来封堵口部。

关于蚯蚓的冷知识

· 蚯蚓为雌雄同体，同时具有雄性和雌性生殖器官，但蚯蚓需要与其他个体交配才能成功繁殖。交配时，两条蚯蚓并列在一起，完成卵子和精子的交换。

· 在适宜的条件下，蚯蚓可以大量繁殖。据研究，仅在 1 平方米的面积内，可以含有 7 个品种多达 432 条的蚯蚓。

· 不同品种的蚯蚓食量不同，但大多数蚯蚓每天的食量为它们自身重量的50%~100%。

· 很遗憾，关于"一条蚯蚓在被截断后，是否可以再生变成两条蚯蚓"这样的重要问题，目前仍只有部分答案，那就是："有时会""仅限于部分种类""从来不会"，这取决于你问的是哪位科学家。

· 蚯蚓没有真正的大脑，它们所依靠的是被称为脑神经节的一簇神经细胞。蚯蚓可通过腹神经索感受外部刺激，例如热、光、湿度、触碰、震动等，并能作出迅速反应。

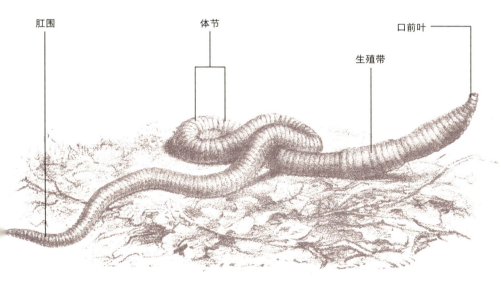

肛围　　体节　　生殖带　　口前叶

根向何方生长？

对园丁来说，根是一个神秘的存在，有多少？分部范围多广？扎得多深？提出这些问题并不奇怪，因为根生长在黏重、密实、潮湿、不透光的土壤中。如果为了观察根的情况而去除土壤，则除了那些粗根之外，其他根都会受到破坏。因此，尽管根对植物的生长与健康极为重要，但人们对它们的了解却很少，也难怪园丁们对它们持这样一种态度了：眼不见，心不烦。

光合作用与繁殖后代是植物的"天职"，这些职责是在地面之上完成的。因此，将根系保持在最低限度，只满足固定植物、寻找水分与矿物质、防范恶劣天气或事故的需求，也就显得合情合理。但是，根是有生命的，它同样需要从叶子那里不断获取糖分。事实上，与植物的茎和叶一样，根的生长及其性质也需要适应植物所处的环境。

在古老的概念中，根是植物植株在地下的镜像，然而这种概念是错误的。事实上，根系的尺寸及形状因植物的不同而有差异。例如，某些草本植物具有长而深的根，而有些树篱和树木的根却倾向于浅而广。

冰山一角

小型的一年生植物一般根系较浅，例如豌豆、洋葱、土豆，它们的根系都很有限。但还有一些小型植物却可以将根扎得很深（在土壤条件允许的情况下）。萝卜的根可以深达80厘米，黑麦草15厘米，小麦12厘米。中型的多年生植物根系范围通常较大一些，例如一些灌木的根系范围就跟它们的树冠差不多。

与树木不一样，灌木会被定期砍伐，这干扰了它们的根冠平衡。

经过精心修剪的树篱，不管它们有多高，根系很少能超出它们基底范围的1米之外；而作为树篱的树如果不被修剪，它们的根系将会更加发达。

树根带来的问题

　　树有发达的根系，它们从土壤中汲取大量水分，会造成土壤收缩，给附近的建筑物、墙体、管道等造成严重损坏，让人深恶痛绝。哪里有水、空气，并且土壤不是过于坚硬的话，树根就会扎向哪里。埋藏不深、容易发生滴漏的排水管道处很容易获得水和空气，也会有利于根在这些地方生长。

　　与普遍的认知并不一样，树根其实不能形成地面上树冠镜像范围的根系，它通常主要在地表之下 1 米的深度内扩展，因为那里的营养与空气最为丰富。这种"碟状"根系分布尺寸可以轻易超出树的高度值，对于某些侵犯性较强的树种而言，其根系延伸范围甚至可达树木高度的 3 倍，杨树与柳树等在这方面就相当著名。

　　当然，当土层深度足够，根系生长没有受到硬土层、酸性土壤以及水涝等因素的影响时，某些根系为了寻找水分，也可以扎得很深。

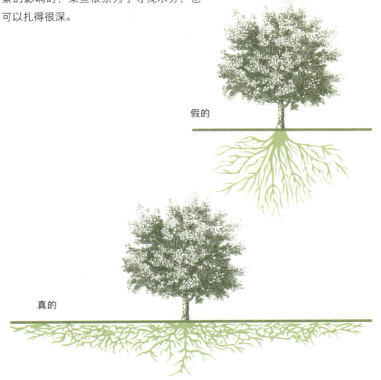

假的

真的

为什么雨水会使土壤变成酸性？

CO_2 在大气层中天然存在，这使雨水的 pH 值从中性的 7 变为略带酸性，大约是 5.5。大气污染，即人为排放的 CO_2 以及其他一些污染物，例如 SO_2 和 NO 等，会使问题进一步加剧，导致酸雨的产生。

对抗酸化

如果土壤中含有石灰岩或白垩颗粒，它的碳酸钙含量会很高，能与酸反应，使酸雨发生中和。当土壤中富含黏土时，也能与酸反应，使酸雨的影响得到缓冲。但是对于沙质土壤，酸雨的影响会很快显现，使土壤变成酸性。

高酸性土壤不适合种植，不管是用于园林还是农作物。为了保持土壤的生产力，需要定期向土壤中施加石灰。堆肥与粪肥几乎都是呈高碱性的，可以抵消酸化的影响。

如果土地不用于种植食用植物，例如在湿地、高地地区以及多沙地区，持续往土壤中添加石灰并不现实，因为那样成本太高，因此那里的土地会保持酸性。

虽然土壤酸化仍在持续，但在过去几十年中，一些人工污染源在减少。在一些地区，作为燃料的煤炭已被其他能源所取代，硫（高酸性）产生的污染已大大减少，使得本来需要一定量的硫的土壤反倒缺硫了。土质管理问题其实就是一个保持平衡的问题，通过往土壤里添加或从中消除一些元素，以尽可能保持土壤的生产力。

降雨量因地而异。降雨对土壤的影响在很大程度上取决于降雨地区土壤的性质。碱性土壤可以使酸雨中和，抵消掉其影响。如果土壤本身就呈一定酸性，那么，酸化是迟早的事。

答案真的在土壤中吗?

在 20 世纪 50 年代曾有一档无线喜剧节目, 主角是一位来自萨默塞特郡 (Somerset) 的一位带有浓厚地方口音的睿智老农民。在节目中, 不管是什么事情、什么问题, 他的精辟回答总是——"答案在土壤中"。他的身上体现了传统主义者的一种信念: 只要你好好照顾土地, 一切都会好起来的。那么, 他的观点是正确的吗?

土壤对植物的呵护

土壤对植物生长至关重要, 这体现在很多方面。植物生长需要有适当的水分供应, 而土壤可以在雨季储存大量水分, 以便在干旱的月份维持作物的生长。土壤还有助于保持植物生长所需要的温度: 春季, 土壤温度升高, 刺激植物根系的生长, 而在夏季则能保护根系避免过热。在寒冷地区, 它甚至能为植物避免霜冻伤害提供保护。

A 是的, 土地既可长出植物供人类食用, 这些植物又可养活其他生物供人类食用, 因此土地对人类的食物供给起决定性影响。到目前为止, 尽管已投入了巨大的资金和精力, 仍没有发现或发明任何一种可以替代土地作为生长基质的方法。

土壤功臣

土壤除自身具备不可或缺的重要作用外, 还为众多环境功臣提供了家园, 包括微生物 (无怪乎土壤被称为"小生灵们的雨林"); 蚯蚓, 可以增加土壤的透气性, 使土壤肥力增强; 真菌, 是技艺娴熟的化学家, 可以将未腐烂的有机质转化为植物的食物和腐殖质。

树在死去后还能挺立多久？

死去后仍然挺立的树随时可能倒下，特别是在树根生病已经烂掉，树处于头重脚轻的情况下。但是，如果树是因为别的原因而死掉的，其挺立的时间可以长达 100 年。在都市区以及管控区域，为安全起见，通常会在树死去后就将其移除。但是，因为枯死的树养活了许多野生生物，更好的办法是将它们的高度降低、树冠范围减小。

有些树在死后坚持不了多久，例如桦树、云杉等，它们会很快腐烂，保持挺立不过就是一两年的时间。而有些树种的木质更为坚硬，含有较多树脂，例如松树、橡树等，它们可以保持直立十几年。身处潮湿、温暖环境中的树木要比在干燥、寒冷环境中的树木更早倒下。如果树木是因为蜜环菌而死亡，在显现出病态后，其根部很快就会腐烂，然后倒下。

依据气候条件的不同以及树根或木质的不同，树死掉后，其残干的站立时间可能仅有 2 年，也可能长达几十年。

倒下还是站立？

园艺家们有时对于失去那些遮天蔽日的高大树木很不情愿。当这样的树死去后，他们会利用忍冬、铁线莲、攀缘蔷薇等给它裸露的枝条披上外装。虽然看上去很有吸引力，但是，这会增大"风帆"的效果，就是说，它会比死树裸露的枝条更容易招风，导致树干更容易被吹倒。

不是所有死树都是被吹倒的，有许多是因为檐状菌或其他真菌使树干腐烂，降低了树干的强度，导致树干在地面处折断。降低树的高度和树枝覆盖的范围可以降低风险。

在不会因死树倒下而引起伤害的地方，例如在原野上或者在森林里，树木通常是自然倒下的，因为死树会为大量的野生动植物提供养分。在树木最终倒下时，它们的根部会翻起大量的土壤，形成一个坑。如果树木倒在潮湿的土地上，其树干与树枝的腐烂速度要比挺立时快得多，但树坑将会存在许多年，导致地表变得坑坑洼洼的，这种情形在年代久远的森林中随处可见。

喜欢死树的 5 种生物

锹甲虫（*Lucanus cervus*）是一种大型甲虫，具有鹿角状的颚，夜间飞行。它的球根状幼虫以腐木为食。

凤头山雀（*Lophophanes cristatus*）喜欢在树木残干的洞中做巢。在英国，它们只生活在苏格兰的古老松林中。

山蝠（*Nyctalus noctula*）白天躲在死树中，夜间外出猎食。

锹甲虫

潮虫（*Porcellio scaber*）以腐木为食。因为它们是甲壳纲（类似螃蟹和龙虾），所以只能生活在潮湿的环境中。园丁们有时会误认它们为害虫，但通常它们是无害的。

鸡冠菌（*Laetiporus sulphureus*）是一种嫩黄、可食用的真菌，生长在死亡的树上。

潮虫

树木有朋友吗？

有人认为森林是一个互助社区，这样的想法听起来就像托尔金奇幻故事（托尔金，南非出生的英国作家、语言学家，以创作经典严肃的奇幻作品《霍比特人》《魔戒》《精灵宝钻》而闻名于世）。但是，最近的研究似乎表明，树木之间的关系远比此前我们想象的复杂。树木之间是否可以相互交流，达到朋友之间的关系？

2016 年首映的纪录片《智慧之树》（*Intelligent Trees*）展现了德国林务官员、将自己的一生都奉献给树木研究的学者彼得·沃莱本（Peter Wohlleben）以及加拿大不列颠哥伦比亚大学的生态学者苏珊·西马德（Susan Simard）的研究工作。这部影片，再加上沃莱本随后出版的《树木的隐秘生活》（*The Hidden Life of Trees*）一书，引起了科学界的关注，并催生了大量新的研究。研究中发现的各种证据表明，树木并不是自给自足的独行侠，当条件合适时，它们之间可以形成相互依赖的关系。尽管一些科学家认为沃莱本的叙述过于拟人化，但仍有许多学者对他的结论给予支持。

树联网

有证据表明，地表之下的菌根（真菌）网络为树木提供了手段，使它们能够对群体中的弱者提供帮助。由于年幼的树木个头儿太矮，无法超越高大树木的浓密树冠获取足够的阳光进行光合作用，成年的树木就会通过这一网络为它们提供营养。这种行为可以保持到幼树足够高大，可以获取阳光，自给自足时为止。

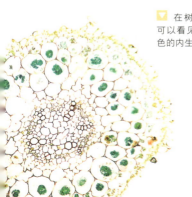

在树根的截面上可以看见被染色成绿色的内生菌根

科学家们通常会避免使用拟人化的描述，而更喜欢确凿的证据。但是，最近的研究似乎表明，树木群生时确实生长得更加繁茂，而独处时就要差一些。有越来越多的证据表明，它们会互相照顾。

树与哺乳动物斗法

当需要对抗食草动物的伤害时，树木有自己的沟通方式。例如，南非金合欢（*Vachellia erioloba*）的嫩枝和树叶是长颈鹿最喜爱的食物，为了突破树木的第一道防线——尖锐的、长长的、充满敌意的防护刺，长颈鹿进化出了长长的（大约 45 厘米）而且十分灵活的舌头，足以在棘刺中间穿插迂回、大快朵颐。为了对抗长颈鹿的啃噬，金合欢又采取了进一步行动，释放出单宁酸。这是一种化学物质，不仅使口感苦涩，而且还会对长颈鹿的消化功能起到抑制作用。在长颈鹿啃食一棵金合欢时，50 米范围内的其他金合欢能够"嗅到"第一棵树所释放的单宁酸，并很快产生自己的单宁酸，当长颈鹿到达时，它们的叶子已经变得难以下咽了。而精明的长颈鹿又学会了沿上风方向啃食那些尚没有嗅到化学信号的树木。但是，对于单宁酸的释放究竟是使树木们采取一致行动的信号呢，还是仅仅是它们生产过程中的一种副作用，科学尚没有定论。

植物的根部占自身的比例是多少？

在植物学中有一个公认的指标，称为根冠比，用以表明地表以下的根部重量相对于树干、树枝、树叶的总计重量的比值。根据植物种类的不同，这一比值变化很大。

根与冠

你可能认为大型树木必定需要大型的根系。从一定程度上说，这是对的——如果树根过于弱小，树会很容易发生颠覆。然而，相对于整棵树的重量而言，根所占的比重很小，地面以上植株部分的重量是根的重量的5倍。树木需要阳光，特别是在森林中，它们需要与邻居们竞争，因此，在树干与树冠的生长中投入更多的资源，以便长高后能吸收更多阳光，对于资源的利用更有价值。

另外，草本植物则将大部分资源投入根系，它们地表以下的重量占到总重量的五分之四。为什么会这样？与树木不同，大部分草本植物的命运是被啃食，因此需要不断地恢复与再生。虽然它们并不需要为阳光而竞争，但却需要在地下竞争水分和营养，地下的竞争更加激烈。

在适宜的条件下，幼苗的根冠比（图中例子是松果菊，*Echinacea purpurea*）保持稳定，但当土壤条件不利时，根系所占的比重会降低。

从重量的比例来说，树木的根远比草本植物低得多，这很令人吃惊。要理解这一点，你需要从投入有效性的角度来看：任何植物都会将资源投入到最可能支持其长远生存的地方去。

需要将石块从土壤里捡出来吗？

按照传统的园林知识，你需要一丝不苟地将全部大块的石头从你准备种植的土壤中捡出。其实这样做的重要性取决于你打算种植的是哪种作物，还有你是喜欢耙过的地看上去整洁无比呢，还是喜欢耕过的地显现出的粗糙的样子。

捡，还是不捡？

捡

· 草坪——在播撒种子前，你需要捡出全部石块并且将地耙平。否则，如果你的草坪高低不平，当你修剪草坪时可能会蹦出石子，损坏剪草机。

· 种植床——理由很简单，上面用的都是最好的土壤，必须做得很精致。

不捡

· 铺设草皮——如果不是播撒种子，而是用现成的草皮来铺成草坪，则只需对土地进行简单捡拾即可。

· 栽种大型灌木——石头多的土壤也是可以的。

植物是否喜欢石子，这与它的自然习性有关。例如一些高山植物，它们原本就生长在碎石滩上。但是如果你希望一年生或正处在青年期的多年生品种有好的收成或开出灿烂的花朵，你应当更加勤奋，将它们根系形成部位，也就是大约表层 30 厘米范围内的石块捡出，便于它们得到充足的水分和营养。

大多数树木对石块持容忍态度，而灌木整体上是植物家族中最易栽培的家庭成员，即使在最贫瘠的土壤中也能够艰难度日。但是，如果你种植蔬菜或养花，在种植前就应该将石子捡出来。

如果下雨时我站在树下，能感觉到树根的动静吗？

首先，绝不要在雨中站在树下。且不说要躲避下落树枝（极端情况下，整棵树也可能倒下）的危险，更重要的是一棵高大的树木通常是周围范围内最高的物体，是雷击的主要目标。如果你足够倒霉的话，雷电会"发现"你有优良的导电性能，放弃树木而击中你的身体。

树木根系的延伸范围可以达到树木高度的 1.5 倍，使它具备了能抵抗风力的宽广底座，由树叶、树枝、树干的运动所产生的杠杆作用被根系所抵消。根的周围有大量的泥土被树根纠结在一起，同时，为了获得更多的支持，树根还会盘绕在石头周围。

关于这个问题，让我们设想一下。在狂风暴雨中，如果你站在大树下，因为摇晃不定的树木将枝干受到的机械应力传到了树根上，你有可能会感觉到脚下的土壤也在运动。

并非完全可靠

尽管有坚实的基础，树木还是会在大风中倒下。相对于断成两截，更常见的情形是倒下时被连根拔起。"桑迪"飓风曾制造了 2012 年北美飓风季节的至暗时刻，破坏力非常著名，创造了仅在纽约市就将近 8500 棵树连根拔起的纪录。当然，要造成损害，也不一定非得是飓风。

树木为何会倒下？

　　树木被连根拔起的最通常原因是被风刮倒。在这种现象中，相对于根系，树干起到了杠杆的作用，而且这种力量对于根系来说又太大，结果就是树木倾倒，整个根系被随之拔起。总体说来，最高的树最容易发生这种现象。在高楼大厦密集的区域内，由于树木的根系生长受到建筑物基础或其他物体的阻挡，无法如自然状态下那样广泛延展，也容易产生这种现象。另一种影响因素是土壤的含水状况，生长在湿润土地上的树木一般不需要靠发达的根系来汲取水分，因此根系比生长在干旱土地上的同类树木要浅。

　　暴风雨还很擅长找出树木上平常没有被发现的腐烂部位。木质腐烂会破坏树木的结构，引起不均匀受力，在大风中暴露出薄弱环节，即使不会导致整棵树倒下，也可能将树枝从树干上折断。

▼ "球窝"（ball and socket）失效一般发生在根球轴的位置。大风中，树冠相当于风帆，通过杠杆作用将力施加到受限的根球上，并使其发生破坏。

树木能喝干游泳池里的水吗？

　　因为游泳池有混凝土或玻璃纤维防护衬，所以通常情况下，树木无法汲取游泳池中的水来解渴。即使游泳池有些许渗漏，其程度通常也不足以让树木解渴。但是，假如树木可以自由地汲取游泳池的水，是否可能把游泳池喝干？

　　树木对水的摄取不仅仅是人类意义上的"喝"，蒸腾作用使它汲取的水分中大约有90%又被直接排放到大气中，只有约10%被留下，用来维持系统运转、提供生长所需。如果游泳池发生渗漏，对树根来说会有吸引力，但是因为树根还需要氧气，它们无法直接在渗漏区中生长。在水面附近的裂隙更有可能吸引树根，产生更大风险，因为在那里不但有水，还有空气。天然池塘没有防护衬，通常会有大量的树根在水中生长。

树的饮料

　　还有，对于树木来说，含氯的水并不是理想的"饮料"。氯有很高的毒性，游泳池中即使是浓度低至百万分之0.5的氯，也会对树木造成伤害。当树木处于生长旺盛期时，毒害会更严重。某些种类的树对氯的伤害尤其敏感，例如槭树、七叶树（*Aesculus*）、梣等，对氯的耐受度都特别低。

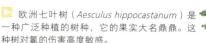 欧洲七叶树（*Aesculus hippocastanum*）是一种广泛种植的树种，它的果实大名鼎鼎。这种树对氯的伤害高度敏感。

6 个嗜水树种和 6 个温和树种

嗜水树种

· 榆树（*Ulmus*）

· 桉树（*Eucalyptus*）

· 山楂（*Crataegus*）

· 橡树（*Quercus*）

· 杨树（*Populus*）

· 柳树（*Salix*）

玉兰
（*Magnolia denudata*）

温和树种

· 桦（*Betula*）

· 接骨木（*Sambucus*）

· 榛（*Corylus*）

· 冬青（*Ilex*）

· 毒豆（*Laburnum*）

· 玉兰（*Magnolia*）

蓝桉
（*Eucalyptus globulus*）

破墙而入

　　一般来说，树根不会对游泳池造成任何损害。但是，如果游泳池采用了比较脆弱的塑料衬，而周围又被锐利的、富有入侵性的竹根所环绕时，很有可能会造成破坏。实际情况中，泳池的主人会在游泳池与竹子之间楔入一块结实的塑料板，深度至少 1 米，上部露出地面数厘米。

A　　有记录表明，一棵大型树木在 1 天之内可以汲取多达 450 升水，所以单就可能消耗的水量来说，树可以吸干游泳池，但考虑到水中的氯对许多树木的严重伤害作用，这对树木来说没有任何好处。

为什么雨后地面会出现石子？

春天，几场小雨过后，新翻过并耙过的土地上有时会被一层石子所覆盖，这使经验不足的园艺师很是沮丧。但问题并没有就此止步，当你将这些并不需要的"收获"完全清除后，到第二年，又会有一批石子出现。为什么会发生这种现象，而且有时还不止一次？

双重收获

不仅如此，如果你在第二年再次翻整土壤时，又会出现这样的情况。有经验的园艺师或园地租用者对此见怪不怪，他们知道，春天的第一场雨过后，在种植区捡出石子是每年必备的一项功课。

历史上，这些石子曾很有用处，它们是一种容易获得的资源，可以用于建筑。例如，在英国北部，将裸露到地面的扁平石块拿来砌墙，成为该地区的一种特色。

A　石块通常均匀分布于土壤中，但是每年的耕作搅动了土壤，使石块重新分布，更多的石块趋近于地表。雨后，经过耕作的土壤发生沉降，石块更容易显露出来。

还有更糟的

当你耙平土地、捡出石块时，不妨想一想这样一种情形：在寒冷地区，土壤每年会被冻结，其中的水分结冰膨胀，使石块向上移动，结果就是在每年的春天冰雪消融后，举目望去，地面上满是石块。

即使园艺师定期耧出石块，仍不断有石块"浮"出地面，地下土壤中的石块似乎取之不竭。

当树木着火时树根会受到伤害吗？

在北方寒冷的气候条件下，森林火灾不是一个大问题，因为它们很少发生，即使真的发生了，过火面积通常也不会很大。但是，在世界的其他地区，例如加利福尼亚或澳大利亚部分地区，森林火灾可能会造成巨大损失，地面火的危害尤其致命。

在英国，大多数树根深埋土中，形成隔热屏障，而且周围土壤含水量很高，即使树木其他部分着火，根部也很难被烧着。

但是在干热气候条件下，树根确实可以着火。典型的情况是，营地火种或雷击首先点燃地面上干燥的枯枝败叶，这些物质再引燃浅层比较干燥的树根。在适宜的条件下，燃烧可以在地下扩散，有时到达很远的距离，在数天、数周，甚至数月内不熄。某些情况下，通过燃烧时散发到地面的烟可以检测到它们。最终，这种暗火到达地面，引燃树木与灌木，引发森林大火。位于这类火灾多发地区的消防员都知道，要彻底扑灭地下火，必须要翻遍过火区。

安全地灭火

童子军成员都曾学习过如何安全地熄灭营地的火堆。

但现在人们对这样的知识已经生疏了，请记住以下几个关键点：

· 用水浇灭室外的火种；

· 绝不要将火种埋掉，因为火会在地下蔓延；

· 翻动灰烬，确保它们已冷却再离开，如果接触时感觉仍然非常炙热，勿将其遗弃不顾。

树根对建筑物能造成多大的危害？

　　植物的根可给建筑物的基础造成伤害，这是长期以来的一个近似神话的说法。关于树根到底有多大能耐，房主们的观点有些夸大其词。事实上，根系的发展存在诸多限制，它们需要空气和水分才能够蔓延生长（地下的空气比你想象的要多），遇到障碍时，它们会绕行而不是穿过去。当然也有一些关于树根造成危害的例子，但这些危害几乎都是间接造成的。

　　如果房屋建筑的基础不是很坚实，或者不够深，又或者地基夯土处理不当，房屋会发生沉降。树根是"机会主义者"，只要存在可利用的空间，它们就一定会穿越。这里，空间是第一位的。特定的土壤，特别是黏土含量较高的土壤，在干旱的天气条件下会明显收缩，而在多雨条件下则会明显膨胀。因树木会在土壤膨胀时汲取其中的水分，使土壤发生收缩。久而久之，即使在多雨的天气条件下，土壤所接受的水分也不及树根从其中抽取的水分，于是沉降就发生

　　或许，列出一个不会受到树根伤害的清单更容易一些。树根不会损坏排水管道、敷设小道、墙基或房基。如果树根真的引起损坏，通常不会是直接攻击损害，而是沉降引起的间接损害。

了。正是这种沉降造成了对建筑物的破坏。

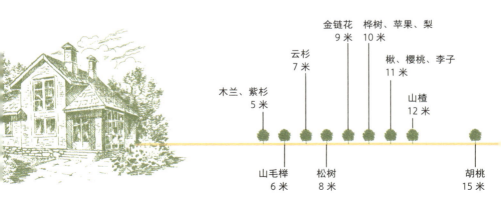

木兰、紫杉
5 米

云杉
7 米

金链花
9 米

桦树、苹果、梨
10 米

楸、樱桃、李子
11 米

山楂
12 米

山毛榉
6 米

松树
8 米

胡桃
15 米

植树时根应当埋入土中多深？

　　栽树时你应当把根植入土中多深？栽得深（将根球植入地表以下一定距离），可以让树更容易获取水分，这样的观点由来已久，在认真的园艺师中也颇有争议。早在 1618 年，牧师兼园艺师威廉·劳森［William Lawson，《乡村主妇的花园》（*Country Housewife's Garden*）的作者］就提出了一个明确的看法，即深栽对树木并没有好处。今天的科学支持他的观点。栽树时，使土层恰好到达根球的顶部，这样效果会更好。如果将树栽得更深，会刺激根系向上生长，因为它们不仅需要水分，还需要空气。空气与水分的完美搭配位于比较靠近地表的位置，如果树栽得过深，它的根将为了获得空气而互相竞争，纠缠成团，而不是横向拓展，形成一个宽广的、良性生长的根盘为树木汲取养料。浅栽使树木更健康。

土际线

待栽植的幼树

▼ 即使不存在太大的风险，栽树时使其与房屋保持一定距离仍是明智的做法。某些树的根比其他树伸展得更远，因此建议不同的树种之间留不同的距离。

柏、槭、桉树
20 米

欧洲七叶树
23 米

榆树、橡树
30 米

杨树
35 米

柳树
40 米

树桩能够支撑多久？

不管树生长在什么地方，或早或晚，总会变成树桩。树可能会因病死亡，也可能因需要木材或者因它们长得太大，占据太多空间而被砍伐。当树被砍伐后，树桩留在那里，如果不被清除，它能够支撑多久？

有一些因素会延缓树桩的腐烂。例如，在个别情况下，树桩的根系可能会在地下与另一棵正在生长的树的根系紧密结合在一起，因此树桩能够继续获得营养，完全不会腐烂。某些种属的树，例如松树（*Pinus*），可以通过这种方式被临近的树所"喂养"，虽然被砍伐后不会再长出新树，但却可以每年产生新的年轮，如同正在生长的树一样。还有其他一些类型的树，例如柳树，很容易从树桩上长出新芽。

园艺师们很讨厌树桩，靠人力清除它们需要大费周折。如果你要加快速度，一种最有效的方法是使用电锯或采用打入楔子的方法将树桩破开，增加真菌或其他生物影响的面积，加快腐烂速度。

砍伐木材后，树桩仍能坚持相当长的时间不倒，尽管它们通常位于湿润的土壤中，这种地方一般真菌滋生，存在大量昆虫与微生物等。

树桩艺术

维多利亚女王时代的园艺师喜欢树桩，他们通常会用树桩制成观赏性的树桩艺术品。它包括一小块树桩区，周围环以蕨类或其他林地植物。即使树桩已经腐烂，仍然会被蕨类和苔藓所环绕，别有情趣。

最初，树桩艺术可能开始于某些地区，在这些地区中林木被砍伐，留下大量的树桩。但是当这种做法流行开来后，热衷此道的园艺师们实际上通过买进木材或树桩，在自己的园林中制造出如此效果。如果你打算在自己园林的一角打造树桩艺术，不管你是购入木材还是利用原地的树桩，试着在地面涂上一层天然酸奶，这将有助于加快苔藓、地衣等植物的生长。

树桩腐烂的时间表

树桩多长时间才会腐烂，这也取决于树的种类。根据木质的坚实程度以及耐腐蚀程度，不同的树种变化很大。

以下是 6 个常见种属的树桩达到完全腐烂程度的预期时间。

· 桦属（*Betula*），40~45 年

· 云杉属（*Picea*），55~60 年

· 松属（*Pinus*），60~65 年

· 梣属（*Fraxinus*），75 年

· 李属（*Prunus*），75 年

· 栎属（*Quercus*），100 年以上

▽ 如果你感觉一个有假山的花园魅力不够的话，可以考虑增加树桩艺术品，构建原则仍不外乎流水潺潺、植物清奇等。一些林地植物，特别是蕨类，是用于树桩艺术品的最常见植物。

冬天，当一年生植物枯死时，它们的根也会枯死吗？

一年生植物通常是花园中的靓丽明星，但却短命，它们在一个季节内就走完了生长、结实，然后死去的周期。多年生草本植物虽然也会枯萎，但来年还会再生，经历下一个周期。那么，地下会发生什么？一年生植物是否会整体死去？

多年生与一年生

与一年生植物不同，多年生草本植物可以生存多年。尽管如此，它们并不会像树木那样，在冬天保留全部的根，因为它们并不需要全部根的支持。因此，多年生草本植物通常在休眠期会让一部分根枯死，只保留春季来临时足以维持生长的根。

草莓（*Fragaria*）就是多年生生长周期的一个很好的例子。在隆冬和早春时节，它会把大量的资源投入到根的生长中，但到晚春时，情形发生了反转，它会把更多的资源投入到开花结果中，部分根会相继死亡。

当一年生植物死亡时，它们会整体死去，到冬天时根部腐烂，变成营养物质来年供应其他植物，在土壤中留下的空隙则有助于土壤的排水透气。

草莓收获后，在余下的夏日里，叶子处于优势地位，部分根继续死亡。到秋天，草莓就只剩下那些苦苦支撑的根了。这时虽然根只占植物的一小部分，到冬天，它们会再次发扬光大，准备春天来临时爆发活力。

草莓
（*Fragaria vesca*）

什么是地下水位？

　　水的循环始于降雨。雨水流到排水管或排水沟里，然后再流入河道。部分雨水会被多孔岩石，例如白垩或砂岩等吸收，并下渗到地下饱和水层——蓄水层。蓄水层又为泉水提供了水源，泉水汇成小溪。河流入海，海水蒸发产生云朵，云再降雨，完成循环。

地下的潮起潮落

　　可以想象，地下水位冬季上升（在英国当地，每年的10月至翌年1月是降雨量最多的季节，这与中国的情况大为不同。书中其他地方的类似表述也与此有关），夏季下降。它对暴雨的反应非常迅速，长时间强降雨有时会引起地下水位快速上升。在充满水的排水沟及河流附近，地下水位最接近地表，而在远离河流的白垩或沙质土壤处，饱和区则要深得多。虽然你可能会认为地下水位是水平的，但是，如果地面是倾斜的，地下水位大致上会与土壤表面平行，水实际上会通过多孔地层，以非常缓慢的速度向下流动。

　　水井被用于抽取地下水，当地下水位较高时，井不需要太深。但为了从蓄水层取水，通常需要打很深的井，以穿过地下水位，从下方更稳定的水源中取水。

　　在任何土壤中，都存在着水分饱和的区域。当处于地下水位以下时，地层的水分是饱和的。地下水位的高度在不同的地点、不同的季节变化很大。

当两株植物的根在地下相遇时会发生什么？

由于植物的生长，地下可能会变得十分拥挤，当植物的根充分伸展时，不可避免地，一株植物的根会与另外一株（甚或多株）的根相遇在一起。在这种情况下，它们是互相帮助呢？还是为了争夺空间而互相"掐架"，或者只是"视而不见"？

短兵相接

在地面之上，来自不同植株的部分很少能近到使它们长期密切接触。园艺师有时会诱导它们进行嫁接，这称为"靠近嫁接"，方法是将两条枝捆绑在一起，但这样的情况不会随机发生。然而在地下，则又另当别论了。

根系生长在连续、密实的介质中，移动非常缓慢。当它们相遇时，可能会被周围的土壤挤压在一起。根靠嫁接（根接）不仅仅是靠得非常近、共同生长，而是两条根事实上已经融合成为一体。当不同的根结合在一起时，它们可以共享水分和营养。

但遗憾的是，某些疾病也可能通过根接而发生转移，人们相信，荷兰榆树病除了通过树皮上的甲虫传播外，还可能通过这种方式传播。在不同植物享有共同根系的情况下，应用于一棵树或树桩的除草剂也可能被扩散到另一棵树。

来自不同种类的两棵植株的根也可能偶尔自发地将根嫁接在一起，但这种情况确实很少见。更多的情况是同种的植株发生根接，被结合在一起，可以为较弱的植株提供支持，形成更强大的植株，阻止竞争者对生存空间的争夺。

作为一般规则，不同种的植株之间会互相竞争。但是，根接（两条根融合到一起，成为一条）也是一种常见的自然现象，特别是在同种的植株之间。

植物战争

　　某些植物地下根的行为十分恶劣，为对付竞争者，它们进化出了自己的化学武器。

　　黑胡桃（*Juglans nigra*）可以分泌一种毒性强烈的毒素，称为胡桃酮，可以抑制某些其他植物的呼吸，其中包括苹果（*Malus*）以及西红柿（*Solanum lycopersicum*）。这种毒素的影响可以波及根系所及之处，达到它植株高度的3倍的距离。

　　臭椿（*Ailanthus altissima*）的根可以散发出一种称为臭椿酮的分子，对其他植物有毒性。这种特性使它在某些地区成为一种可怕的有害入侵性植物。

　　新西兰茶树（*Leptospermum scoparium*）是一种灌木，它能分泌一种被称为纤精酮的化学抑制剂分子，这种物质实际上已经可以人工合成，并作为一种除草剂推向市场。

黑胡桃

臭椿

新西兰茶树

表层土与底土的界限在哪里？

表层土颜色深暗、松软、带芬芳气味，并且有大量的蚯蚓与根。表层土之下的底土，通常颜色较浅，更加密实，植根及蚯蚓很少，很容易鉴别。底土之下是地质层，性质因地区而异，比如有的是黏土，有的是岩石。

在耕作区，表层土的深度大约为耕作工具作业的深度，例如铁锹或犁具等，为20~25厘米。如果是未耕作区，情况将更加复杂。

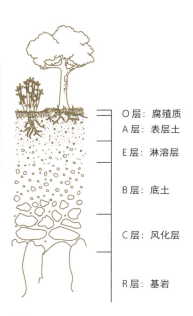

O层：腐殖质
A层：表层土
E层：淋溶层
B层：底土
C层：风化层
R层：基岩

土壤科学家通过分层来对土壤进行分类。在决定园林中栽种何种植物时，进行一次土壤分析很有价值。

土壤的分层

基岩之上的土壤可以分为很多层。未经耕作区的土壤分层可达6层之多，科学家或土壤学家为每层赋予一个字母以区分它们（因为字母并不是按字母表顺序排列，所以对于新手而言很令人迷惑）。

最上层称为O层，典型情况下，该层由有机质构成，来源于还没来得及腐化的植物叶子。在森林地区，它们是落叶，而在湿地，植物遗体则可能会浸泡在水中，由于极度缺氧，难以腐烂，因此形成泥炭。O层之下是表层，也称为A层，该层富含营养，颜色深暗，比较松软，经历过蚯蚓和其他土壤动物的改良，有利于植物种子生根发芽。一般情况下，A层之下为E层，在多雨的气候条件下，由于淋溶作用而使一些矿物质（如铁和铝）在该层之下形成积累，使这里的土壤颜色比较浅淡。另外这里含盐量高，不利于植物的生长，无论是从农业的角度还是从园艺的角度来说，用处都不是很大（某些情况下并不存在明显的 E 层，A 层之下直接就是 B 层）。

继续往下就是 B 层，即底层土壤。由于缺少有机质，与表层土相比该层颜色浅淡、质地密实、渗透性差。它的构成主要是黏土，其中积累了大量的铁和铝。底层土通常排水不畅、空气不足，如果你挖到该层，你就会发现，它的颜色灰白，散发出一股酸味，清楚地表明了它不利于植物

根系的生长。

B 层以下是 C 层，由土壤的"母"质材料构成，通常是砾石、黏土或其他沉积物。至此，你已经深入地下很深了。风化作用会影响到上部各层的形成，但该层不会受到任何风化作用的影响。最后一层是 R 层，由本地区的基岩构成。

现代土壤管理的目标是仿效自然分层的结构，避免造成太多混合。这种低扰动方式有利于土壤生物的活动，对保持土壤的生产力至关重要。这种方式还有利于保持土壤的自然状态，本地植物及其根系都曾在这种状态下生存和进化。

沙漠地区

在某些地区，母岩离地面非常近。沙漠中供植物生长的土层通常较浅，在 B 层之下可能会形成一层被称为钙积层的坚硬带。钙积层由钙组成，植物的根无法穿过，所以沙漠植物的根通常都很浅。

龙舌兰
（*Agave americana*）

篝火会危害土壤吗？

　　土壤的隔热性能很好，而且热气是上升的，所以偶尔燃起的篝火不会对下面的土壤造成太大危害。对较大面积林火的相关研究显示，虽然森林大火在短期内会毁坏土壤表层的有机物及营养物质，如果大火之后能够尽快种植树木，就能很快使土壤得到修复。

篝火的间接危害

　　篝火的危害更多是来自污染的间接危害。因为这个原因，有一些东西是绝对不能拿来烧的，特别是油漆过的或处理过的木材。

　　下面讲为什么。过去的漆料含有铅，直到最近，木材防腐剂仍然含有较多的砷、铬、铜等元素，当木材燃烧时，这些有毒元素留在灰烬中，一旦进入土壤，将长期存在。如果污染到耕作区，则可以被水果、蔬菜等吸收。现代木材防腐剂也经常含有硼，硼可以作为肥料，但过量使用却会变成一种强力除草剂。有了如此众多的潜在污染因素，所以很重要的一点是，要将所有经过防腐处理的木材送到废料处理场去处理，而不应冒险将它们拿去燃烧。

　　篝火燃烧后的灰烬具有很强的碱性，含有不少的钾，这一种很有价值的肥料。所以即使不是污染物，如果将灰烬留在原地，也会使土壤局部过度碱化。而如果能把灰烬薄薄地撒入酸性土壤中，会使土壤发生中和反应，比留在篝火点更好。

　　然而，如果你总是在同一地点燃起篝火，下面的土壤将没有机会得到恢复。更好的做法是采用燃烧炉，或者不断变换篝火位置，以防止某一小块土壤多次遭受创伤。

夏季，当土壤干燥时，它会收缩吗？

寒来暑往，将土壤置于不断变化的温度之下，流过土壤表面或穿过土壤的水量也变化无常。这是否很重要？一般来说，不重要。土壤是很"大度"的。但在某些情况下，干透的土壤会使位于其上方的建筑发生较大位移，形成沉降。

黏性土干燥时会收缩，表面产生裂隙。在园艺学上这是好事。即使土壤重新变得湿润，它仍能努力保持自身结构，这些裂隙依然可以起到孔隙的作用，保证了良好的排水性和透气性，使生长在其中的植物根系可以更健康。

大部分土壤是十分稳定的，当其中的水分流失时，能够大致上保持其体积不变。当然，不是所有的土壤都一样，有些黏性土壤在干燥时会发生收缩。

沉降进行时

易收缩的黏土在夏季收缩，而在湿润的冬天则会膨胀。黏土之上的建筑物夏天下沉，冬天上升。当人们谈论建筑物的"下座"时，指的就是这种现象。树木与植被也会对此产生一定影响，因为它们的根会从土壤中汲取水分，使收缩加剧。如果黏土在每次吸足水分后都能膨胀回原来的体积，对建筑物来说就没有什么问题，但事实却不是这样的。每次黏土在吸足水分后，只能恢复原来的一部分体积，结果就是建筑物的基础会逐年下沉。

地基较深的建筑可以抵挡土壤的这种变化无常，但是如果建筑物的地基较浅，当土壤收缩时建筑物就可能受到损害，如地基下沉使墙体产生裂缝等。

为什么并非所有土壤都一样？

土壤由微小岩石颗粒、有机质、空气、水等组成，但就是这有限的几种组分，却产生了数量庞大的土壤类型。究竟是什么关键因素影响着不同土壤的特性？

土壤的形成

土壤的母质是岩石。哪怕是仅仅形成1英寸厚的土壤，也要经过一段超级长的时间，可能是500~1000年，期间岩石经过充分破碎、分解等，最后形成土壤。岩石所处的气候环境决定着它究竟以哪种方式分解，包括周而复始的洪水、冰冻、冷热交替等，并经过风化、剥蚀，成为粉末状。这是一个非常非常缓慢的过程。母岩的性质决定了土壤的基本特性，例如，灰岩的矿物含量较高，最终会形成肥沃的土壤。还有一些物质可能会被水冲刷到某个地区沉积下来，成为当地土壤的组成部分。不同的岩石类型，再加上不同的沉积物，确保了每一种土壤都会在它所处的气候环境、地理位置的基础上产生些许差异。

土壤先锋

不管岩石破碎到哪种程度，它终究不是土壤。事实上，在"成熟"的土壤中，岩石颗粒只占土壤构成的一半以下。一旦岩石被分解得足够细微，就会被"殖民"。地衣是藻类和真菌的共生联合体，可以生存上千年，在土壤形成的早期，它们就会出现，并开始它们的工作，是新生土壤中默默无闻的先锋。共生体中的藻类会将空气中的氮"固定"在土壤中，而真菌则为共生体摄取水分和矿物质营养。地衣在新生土壤中的劳作使得其他一些生物，例如苔藓植物、原生动物、细菌等也加入到定居者队伍中

肥沃的表层土壤一般由岩石细颗粒（通常占45%）、大量有机质和数不胜数的微小空气孔隙混合而成。

A 土壤特性取决于它的构成、它所存在的气候环境、它所依赖的地理环境、生活其中的生物类型，以及它的年龄。考虑到所有这些因素，不难理解，为什么在不同的地点，土壤的变化会如此之大了。

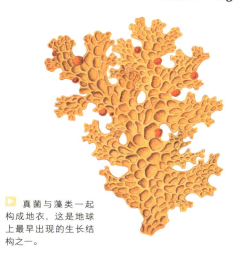

▶ 真菌与藻类一起构成地衣，这是地球上最早出现的生长结构之一。

来。在这些早期"殖民者"劳作的基础上，植物逐渐出现。植物死亡后，增加了土壤中的有机质，有机质与岩石颗粒相混合，使土壤肥力增加，促进了更多生物的生长。随着新生土壤中生物种群的不断增加和有机质的不断积累，气穴形成，水的渗滤作用发生。逐渐地，最初由岩石颗粒、矿物质、腐殖质形成的混合物质变成欣欣向荣的成熟土壤，充满无限生机。

最古老的土壤

目前已知地球上最古老的土壤位于一个被称为"古土"（Paleosol）的地区，那里的土壤非常古老，固结在一起，实际上已经成为岩石。它位于格陵兰岛，曾被冰帽所覆盖，2017年冰帽融化后裸露出来。它的形成时间可以追溯到令人吃惊的37亿年前。因为它是如此古老，科学家希望在其中能够发现目前已知的生命出现前的某种化石。地质学家正在对取样进行研究，对这块最古老的土地上是否可能出现此前未知的原始生物的痕迹进行探索。

蚯蚓怎样交流？

　　我们并不认为蚯蚓善于交流。它们似乎并不能就猎食者的到来相互提醒，也不能在发现丰富的食源后相互告知。但这并不一定意味着它们不能交流，而只是到目前为止我们还没有足够的证据而已。土壤中黑暗、密实、不透光的环境阻碍了我们对蚯蚓以及其他地下生物进行深入研究。

普通蚯蚓
（ *Lumbricus terrestris* ）

　　其他实验似乎表明，蚯蚓可能喜欢聚群。在生物学上，这种习性往往是"以量取胜"的策略。近期的研究还表明，除蚯蚓之外，红纹小蚯蚓也确实表现出相互交流的迹象，这是生长在堆肥垛中的一种细长的红色蠕虫。

　　初步证据表明，交流是存在的。例如，当蚯蚓选择交配对象时，看上去是有所选择的，它们可以旅行相当远的距离找到它们心仪的对象。如果没有起码的交流，这似乎是不可能的。

　　线虫是一个庞大的家族，超过25000多种，在任何环境下，比如沙漠和海洋等，都可以见到它们的踪影。拿蠕虫的标准来衡量，它们堪称交流大师。康奈尔大学的实验揭示出，它们相互之间可以发送化学信号，科学家为这种信号的复杂程度深感惊叹。它们可以留下组合标记，不同的组合具有不同含义。例如它们似乎可以利用两种化学物质的组合来

跟着走

在许多对照实验中，对蚯蚓究竟是靠什么感觉而聚集在一起的问题进行了探索。其中的一项实验是将蚯蚓放入一个迷宫，在迷宫的两个不同出口处放置食物。如果不同的蚯蚓是单独分别放入的，它们会自主地到达其中的一个出口。而如果将不同的蚯蚓在同一时间放入，它们看起来更愿意到达同一出口。对于这种现象，科学家解释说，蚯蚓并不是通过分泌化学物质来"告诉"同伴应该怎样行动（当一条跟随另一条时，如果距离在视线之外，跟随者似乎不受引领者行为的影响），但当它们靠得足够近，能够互相触碰时确实展现出了一种类似于聚群的行为。

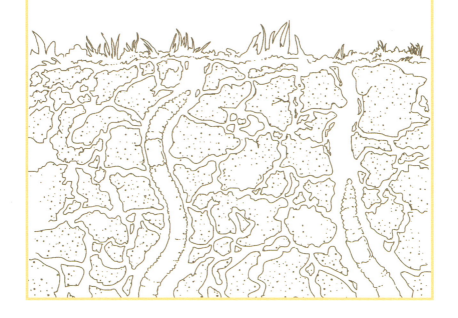

"告诉"附近的同类赶紧离开，而如果再增加第三种化学物质，则似乎是通知其他同类靠近一些。即使我们还不能称它们为交流大师，它们的化学语言的复杂程度也表明，其中还有更多东西有待发现。

当植物死亡时，它的根会怎样呢？

植物死亡时，地面上所发生的事情一目了然：如果置之不理，它的叶子和其他鲜嫩的部位将很快掉落地面并且腐烂，而木质躯干和树桩则需要很长的时间才会腐烂。那么，地下的情况又是怎样的呢？

根腐烂时，它们不仅为所有生活在地下的生物，包括真菌、细菌和植食昆虫提供食物，也给土壤带来好处。植根消失后留下一定的空间，增加了土壤的透气性和透水性。不利的一点是帮助某些腐根真菌（root-rotting fungi）的生长，这些真菌不会使自己受到死亡植物的限制。例如蜜环菌，它们生长迅速，可以很快扩散到健康植株上并导致它们死亡。因为这个原因，在森林中将已经死亡或

在潮湿的土壤中，细根很快就会腐烂殆尽，而粗壮的木质部分有时会存在数年之久。木质具有耐腐蚀的特性，即使是土壤中非常高效且孜孜不倦的细菌和真菌也需要一些时间才能使其分解。

被砍伐的树木的树桩和树根清除掉是一种普遍的做法。树根的重量可能占到树的总重量的四分之一，这是一个相当大的数量，每公顷针叶林的树桩和树根可以达到 150 吨。因此，有时会在树木砍伐后将树桩和树根收集起来，用以生产可再生燃料。

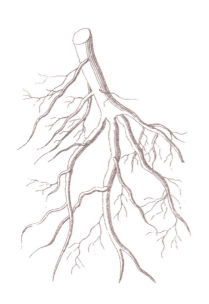

根经常被园艺师们忽略。但是，当植物死亡或不能很好生长时，仔细对根的状况进行检查，通常可以揭示出问题所在。

不浇水会怎么样？

　　在很多气候条件下，浇水并不像初入道的园艺师想象的那么重要。至少在英国潮湿、寒冷的北部和西部地区，土壤中通常含有足够的水分，无须额外浇水即可满足植物生长的需要。但是，在干旱的东部及南部地区，土壤沙质化，浇水能够给大多数植物带来益处。

　　叶片变蓝、蜡质化，植物生长缓慢、在每天最热的时段发蔫，这些都可能是缺水的征兆。只要不是极度缺水或缺水状态不是持续太长时间，雨天来临后观赏植物通常会恢复正常，泛黄的草坪也会重新变得葱绿。但持续缺水则可能会使某些嗜水植物受到永久伤害，西红柿（*Solanum lycopersicum*）、莴苣（*Lactuca sativa*）就是其中的例子。在天气炎热、土壤干燥的条件下，除非经常并且定期浇灌，否则除了那些已经生长了多年的或者非常耐旱的植物外，其他植物都可能受到严重伤害。

正确浇水

　　在花园中，或者因为植物并不需要马上浇水，或者因为浇水量不够，对改善状况无济于事等原因，大量的水资源被浪费了。用水龙带将植物短暂地湿润一下其实效果并不大。不浇则已，浇则浇透，这样效果要好得多，可以每 10~14 天给予一次相当于 25 毫米降雨量的浇水。

A　　如果植物还没长出足以在干旱天气下生存的强大根系，就需要额外进行浇灌，这类植物包括新移栽的幼苗或植株（不管植株是否已经成年）。

为什么盆栽植物经常不成功？

不管是在室内还是在室外，盆栽植物有一个很大的软肋：它们的存活依赖于主人。有一些是因为主人溺爱过度，浇了过多的水而走向死亡；有一些则因为主人随性而为导致时饱时渴，无法满足需要而死亡。当然还有少数因为被主人忽略而死亡。

什么时候浇水？

确定什么时候浇水、浇多少水是一件困难的事，除了注意观察之外没有成规可循。一项提示是，当土壤水分已经饱和时，过度浇灌对植物将是致命的。如果过量的水能够顺畅地排出，风险可以降低，而如果排水非常缓慢（通过观察水从花盆底部的小孔流出所需的时间，你可以做出判断），这就是一个危险信号，表明花盆中的培植材料已经过于密实，丧失了结构，内部缺乏空隙，水无法顺利通过并从底部流出，而被滞留在土壤内部仅有的空隙中，无法给空气留下空间。没有空气，植物的根无法正常发挥作用，容易发生疾病。所以，如果发现排水缓慢，需立即将植物移盆，盆中充填新鲜的培植材料。

因为室内光照比室外弱，植物的水循环速度相对较低，所以室内的盆栽植物相对于室外而言更脆弱。

给室内植物浇水

于是，什么时候给室内植物浇水就变成了这样一个命题：在两次浇水之间，需要给植物留有一段干旱时间，但又不能过度。适度干旱可以留出空间，保证空气能够进入根系区域。浇水要到水能顺利从花盆底部流入盆托为止，然后让水慢慢排出，不要让植物浸在水中。如果要给室内植物施肥，应将肥料混在水中单独浇灌，同样要到水能自由从底孔流出为止。直到下一次浇水，不必再对植物进行特别关照。

泡水，是盆栽植物失败的第一个原因。与地栽植物相比，盆栽植物土壤很少，不能吸收很多水分，所以需要定期、合理地进行浇水，既不能使植物过分干旱，又不能使其生长环境的水分过分饱和。

5 种易于室内盆栽的植物

并非所有室内植物都难伺候。如果你天生就不具备很好的园艺才能，这里有5 种植物，它们既看上去颇具魅力，又能够耐得住寂寞。当然，这并不意味着你可以对它们熟视无睹，而只是你可以花费比较少的精力而获得令人满意的成果。

君子兰（*Clivia*）。这种植物长有长长的深绿色带状叶子，花朵艳丽，呈喇叭形，有橘红、红、黄、白等不同颜色。喜弱光和适量浇水。

龙血树（*Dracaena marginata*）。龙血树体形高大，给人以庄重感。叶子丛生、细长、间杂红色，在适宜的环境中可以轻易长到 2 米多的高度。

君子兰

琴叶榕（*Ficus lyrata*）。颜色鲜艳的叶子呈小提琴形状，高大的植株引人注目。

心叶蔓绿绒（*Philodendron hederaceum* var. *oxycardium*）。小巧雅致，生长迅速，枝叶蔓生、鲜绿、有光泽。

长生草（*Sempervivum tectorum*）。这种多肉植物的叶片呈环状紧密排列，不断生长，颇有情趣。更为奇异的是，你可以取下它的叶片培育成新的植株。

龙血树

长生草

土壤会生病吗？

土壤的健康状况可以用它对植物生长的支持程度进行评判。有许多原因会造成土壤健康状况欠佳：可能因为种植了一茬又一茬的相同作物，使肥力尽失；也可能是因为诸如营造工程等原因使土壤结构遭到了破坏；还有可能是长期水淹或水浸造成土壤中缺少空气，使有益生物如蚯蚓等不能生存，反而生长了一些不太有用的生物，使土壤质量下降。

如果土壤中的营养物质含量低，最容易改善的方法是添加有机质，或通过翻挖和耕作使土壤混入空气、使底土分解等。在必要的情况下，排水也可以使土壤得到改良。

旧茬新作

在同一地块中反复种植同一种作物会使土壤生病。某些作物因为能够引起"病土综合征"（或特定的连茬病）而臭名昭著，苹果（*Malus*）、圆豌豆（*Pisum sativum*）、李（*Prunus*）、车轴草（*Trifolium*）、土豆（*Solanum tuberosum*）等均榜上有名。虽然我们知道这是由生物学原因引起的，但具体原因尚不清楚，可能的罪魁祸首包括真菌、病毒、线虫等。

当病土综合征发生时，土地主人面临 3 种选择：一是换种不同的作物；二是蒸杀消毒（虽然缓慢且昂贵，但通常是有效的）或者是烟熏消杀；最后一招就是在受影响的土地上种植一种富含含硫化合物的芸薹属植物，切碎后混入土中，它的叶子碎片可以释放一种天然化学物质，称异硫氰酸酯，具有消杀作用，而且不对环境造成明显危害。

一茶匙健康、肥沃的土壤包含上 10 亿的细菌和成千上万的真菌、藻类，以及其他微生物。

虽然土壤可能变为病态，但可以恢复。就像人类疾病一样，关键是找准病因，对症下药，帮助它尽快恢复。

作物轮作

　　农作物的轮作是保持土壤活力的最古老方法之一，在罗马时代就有记述，而且在中世纪时有着广泛的应用。它基于这样一种理念：不同的作物有不同的害虫和疾病，所需的土壤营养也有不同的组合。因此，不在同一块土地上年复一年地重复种植同一种作物，而是将一种作物每年都种在土地的不同区域，使土地种植同一种作物的时间间隔尽可能长，这样会更好一些。目前，最常用的轮作体系是4年制，即每种植物要经过4年才能在同一块土地上种植。对于避免针对特定植物的害虫在同一块土地上积累，或者特定营养成分的过多消耗来说，这样的时间间隔已经足够了。

第一年：土豆，是疏松土壤的理想植物

第二年：块根植物，将大量的根留在土壤深部

第四年：卷心菜，充分利用豆科植物留下的沃土

第三年：豆荚类蔬菜和豌豆，可充分利用块根植物留下的深层根

高盐分土壤会让西红柿变咸吗？

能够获得充足的阳光、水分、养料的植物通常能获得好收成。好收成对农民来说是好消息，因为他们的劳作得到了更多回报。但是，过分慷慨的收成可能意味着农作物风味的丧失。可能每个人都曾吃到过一种个头大、品相佳，看上去相当诱人，但吃起来却寡淡无味的蔬果——西红柿。

水分与营养的适度缺少，会使结出的果实更小，味道更浓。给西红柿浇含盐分较高的水，使其产生轻微的应急反应，结出的果实口味更好，这样的理论已经被以色列的研究证实。在那里，在灌溉用水中加入 10% 的海水，成功提高了果实中的抗氧化剂含量（与口味有关）。但是任何事情都要适度，在气候干旱或温室条件下，盐分在土壤中的积累可能达到有害的

将适量的盐，不管是普通的烹调用盐还是氯化钠，添加到植物生长的土壤中，实际上不会使农产品例如西红柿等变咸，但却可以改善口味。

水平。而在气候温和的露天条件下，雨水则会冲刷掉多余的盐分。

培养更好口味

你可以在家里做一个试验，给西红柿浇上加了盐的水，时间安排在花期之后、刚刚开始坐果之时。在 1 升水中加入 100 克盐，制成高浓度盐水，然后在加满水的 9 升浇水壶中加入 4 毫升高浓度盐水，给每棵西红柿浇 2 升这样的盐水，每周浇一次（期间还需用淡水浇灌）。如果西红柿开始出现枯萎迹象，说明浇的盐水过多，这时可以用清水冲刷掉过多的盐分，然后继续正常浇灌。

为什么园林土不能用作盆栽土？

盆栽植物的生长往往受到很大制约，它们的根系无法充分伸展。如果是在室内或温室里，相对于露天生长的同类而言，它们所处的环境更加温暖，生长速度更快。为了它们的快速生长，盆栽介质必须在狭小的空间内提供高密度的营养物质并对植物的根部起到固定的作用。这对盆栽土来说是一项颇具挑战性的任务。

花盆不是一个让植物感到幸福快乐的生长环境，为了能在花盆内生长，它们需要一系列支持。让根系充分拓展是植物的天性，根系的生存还需要水和空气。然而，过量的水却可能使植物的根淹在水中，引发某些疾病，从而导致植物死亡；过量的空气（盆栽介质中空隙过大）则或者使植物易受到缺水的影响，或者迫使主人

园林土有许多优质特性，但却不同于盆栽介质的特性，因此不适合用于盆栽。通过添加一些其他材料，也可以对园林土进行调制，使之适用于盆栽。

不得不频繁浇水，不胜其烦。

简单地说，盆栽植物对盆栽介质有很多要求，园林土通常无法满足。在肥沃、管理良好的园林土中，蚯蚓以及其他土壤生物能使土壤疏松，植物的生长空间也大得多，这意味着植物的通风透气环境良好，土壤湿润。

但在花盆内却没有这样的条件，对于盆栽来说，园林土就太致密了。

点石成金

你可以对园林土进行改良，将其成功用于盆栽。将两份园林土与一份充分腐烂的堆肥相混合，然后加入适量的粗颗粒沙子，形成一种松散的混合土。在装盆之前，再在每 10 升混合土中加入 35 克普通肥料。

有不需要土壤也能生长的植物吗？

　　园艺师通常比较关注园林中土壤的 pH 值，满脑子想的是哪种土壤对他们的植物最适合以及如何增强土壤的肥力，以使植物更好地生长，甚至在他们最宠爱的植物生长状态不佳时，考虑怎样改变它们的生长环境。有多少人能够意识到，世间还有很多植物完全不需要土壤。

　　你或许已经拥有了一种最常见的无土植物。在英国，蝴蝶兰（*Phalaenopsis*）是一种最畅销的室内花卉。它是附生植物，如果你仔细观察它的花盆就会发现，里面并没有栽培土，而只是一些由椰棕或椰壳、石棉纤维、水苔、树皮等组成的培养介质。在野生条件下，它通常附生在树皮上，因此这样的环境类似于它的野生环境。它们的根系非常适宜生长在树的表面。蝴蝶兰的根甚至环绕一

🔸 蝴蝶兰是一类附生植物（生长在树木的枝上）。如果在花盆中充填粗糙的树皮，它们也可以在其中存活。

　　许多植物已经进化成可以无土生长。专性寄生植物就属于这一类，它们寄生在其他植物上，给寄主造成伤害；附生植物则无害地依附于树木生长；岩生植物可在裸露的岩石上艰难求生。

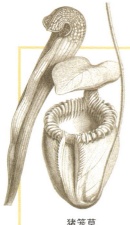

岩石上的肉食性居民

　　岩生植物在没有任何营养的裸露岩石上艰难求生。其中有许多种类演化成了食虫植物，采用一些巧妙的手段来捕捉昆虫，有的靠黏性的叶子，比如热带的猪笼草（*Nepenthes*）会诱使昆虫进入充满液体的容器中，使它们再也无法爬出来。

猪笼草
（*Nepenthes villosa*）

块普通的树皮就可以生长，如果将它们种植在传统的盆栽介质中，只会死亡。

　　无土植物看上去并不总是像植物，其中最为别致的是松萝凤梨（*Tillandsia usneoides*），它生长在美国南部各州，体量巨大，悬垂在树上。尽管名为苔藓（"松萝凤梨"是其中文名称，而它的英文名称直译是"西班牙苔藓"），也无论其外观如何，却根本不是苔藓，而令人难以置信的是凤梨科（菠萝）的成员之一。因为不能从土壤中汲取水分，无论是附生植物还是岩生植物，都最适合在潮湿的环境下生长，例如雨林。

　　其他的无土植物包括许多水生或自由漂浮的物种，它们既不需要从土中汲取营养，也不需要土壤的固定。它们无须为干旱担忧，它们可以从它们周围的水中吸取养分。极具入侵性的物种水葫芦（*Eichhornia crassipes*）就属于这一类，还有更多常见的英国本土物种，包括浮萍属（*Lemna*）植物和水凤梨（*Stratiotes aloides*）等。

水葫芦

什么土壤味道最好？

　　土壤的味道如何？你如何才能知道？令人称奇的是，一些农民采用品尝的方法来判断土壤肥沃程度以及健康程度。肥沃的土壤味道甜甜的，给人一种愉悦、新鲜的感觉；酸性土壤据说味道苦涩，像柠檬汁那样，经验丰富的品尝者可以从中"读出"土壤的酸化程度，并据此增加土壤中的石灰含量，提高 pH 值。

甜的土壤有甜的产出

　　即使不用真的品尝，你也可以确定土壤的健康状况。但是，采取哪种措施才能获得产量既高、口味又佳的产品？早在 20 世纪 90 年代，一位加拿大食品咨询师对生长在不同土壤中的不同植物进行了研究，发现作物的培育方式会影响到产品的口味。如果

　　据信，品尝土壤是发源于东欧的一种传统方法。笃信者坚定地认为，这种方法可以为他们提供关于土壤的富有价值的信息。但是，土壤中的病原体可能会危害健康，所以你最好还是不要尝试。

▼ 白萝卜生长迅速、适应性强，它深深的根系可以疏松土壤，是一种有效的肥田作物，其改良土壤的功能正引起高度重视。

在休耕季节种植一些肥田植物，则下一季在同一块土地上所种植的作物产品味道会更甜、更浓，也更丰富。

肥田植物是纯粹为了改良土地而种植的作物，通常被直接翻入土中以增加土地养分。对作物产品质量的判断并非仅仅凭感觉，而是可以用白利糖度的提高值加以衡量的（白利糖度是衡量液体中糖分的单位，1 个白利糖度单位表示 100 克液体中含有 1 克蔗糖）。比如胡萝卜，它的糖度可以由 8 提升为 12。不仅是蔬菜变得更甜了，而且也更耐储存了。在加拿大，这位咨询师的工作开创了一个新领域，引发了更多研究。

用堆肥茶浇灌土壤

虽然自制堆肥茶（compost tea）背后的科学原理尚不具备说服力，许多园艺师们还是对配制这种混合物乐此不疲，并将其用在土壤中。如果你已经拥有质量良好、充分腐烂的堆肥，那么，自制堆肥茶非常简单，所需要的仅仅是两铲堆肥、两个大塑料桶和一大块布，比如薄棉布（或者一件旧的 T 恤），用以过滤液体。

1. 将堆肥置入其中的一个塑料桶，大约能占桶的三分之一；

2. 桶中倒入水，倒满为止；

3. 将这种混合物放置 4 天，每天进行彻底搅拌；

4. 用你的布料将混合物过滤到第二个桶中；

5. 使用前，再加水将过滤液稀释（应加到混合液呈淡茶色为止，大约相当于 1 份滤液加 10 份水）。

这样，堆肥茶就做好了，可将其浇在植物根部周围的土壤上。

土壤可以制造吗？

制造土壤的正统方式需要经历上千年的时间。这张千年配方中的造土母质包括黏土、砂砾、岩石或沙子，在经历若干年的风化作用后，再经历一个有机质和土壤微生物缓慢积累的过程，最后才宣告完成。优质土壤总是供不应求的，那么我们能否制造土壤以满足需求呢？

如何造土？

一般来说，人工造土从矿物质开始。首先将矿物质粉碎成理想的细小颗粒，然后加入起黏合作用并且有助于保持养分的黏土。黏土之所以重要，是因为它颗粒微细、呈片状结构，这两种特性有助于有效保持水分和养分，并且在植物需要时释放出来。下一步，还要再加入沙子和粗砂砾，以便使土壤可以顺畅地排水，并保持足量的空气。最终，还要加入有机质、调整土壤酸度，如有必要，还要加入肥料。有机质通常是经过堆放沤制的城市废料，因为它们既廉价，又富含营养。这样，不用经过长时间的等待，你就可以获得全新的土壤。

虽然土壤可以人工制造，但人工土在许多方面都不如天然土。尽管如此，在许多实际应用中，它仍然是一种可有效替代天然土且成本低廉的产品，至少能够被人们接受。

古老新土：一个传统配方

历史上产生新土的方法是"受控水泛"，也就是淤积。当河水泛滥时，在地势较低的沿岸沼泽区内，有目的地将高含泥的水灌入，泥沙在水淹区逐渐沉积，形成的土壤肥力十足。这种方法虽然成本较高，但获得的高质量土壤还是物有所值的。

黏土

海底有土壤吗？

只有存在足够的氧气、淡水和特定微生物时，才能支撑土壤的结构，形成真正的土壤。而在海洋咸水环境下的生物与发生的生物过程与淡水环境迥异，并且海底的氧气也十分有限，因此海底所能提供的只能是大量的泥沙。

20 年沧海桑田

向大海要土地成本十分昂贵，结果却很值得期待。从开始到结束，需要 20 年的时间。

首先，要将造田区域用堤坝圈起来，将其中的水抽出，内部只留少量的水以供小型挖泥船在淤泥中开挖沟渠，形成排水网络。

排水网络一旦形成，除排水通道内的水外，其余的大部分水被抽出，使淤泥上仅有一层薄薄的水覆盖，这样的土地称为圩田。这种情形有助于杂草在其中生长，雨水也可以将泥中的盐分不断进行冲刷。水被定期地从圩田内抽出，含盐量不断降低，直至满足播种芦苇的条件。

用一架小型飞行器播撒芦苇种子，待芦苇开始生长后，其根系扩散在泥沙混合物中，使含盐量继续下降。大约 3 年后，点火焚烧芦苇，灰烬会使新生土壤的肥力增加。

A 海中不能产生土壤，但是通过围海造田，浅海区也可以变成富有生产力的良田。在某些国家，例如荷兰，围海造田技术已经非常成熟。

最后进行翻耕，将芦苇残余部分埋入土地，同时加入富含硫酸钙的石膏肥料。石膏可以进一步降低盐分，在新土中形成团块（这一过程称为絮凝），使土壤更易于吸收空气、雨水，利于植物根的生长。到这时，土壤已经可以支持某些作物的生长了。再经过 15 年，将成为肥沃的农田。

堆肥变成土壤需要多长时间？

　　如果你拥有一个引以自豪的堆肥垛或堆肥仓，你可能会对"心急吃不了热豆腐"深有感触，哪怕你是一位最有经验的堆肥专家，也概莫能外。当你向堆肥中添加某些材料时，即使所有人都认为这些材料用于堆肥再好不过，而在你看来，它们也似乎总是永远不会腐烂的样子。那么，你需要等待多长时间才能够将这种黑色的"金子"用于你的菜园？

完美平衡

　　要加快堆肥的成熟速度，填料的搭配，例如绿色叶类填料与含水较低的秸秆类填料的比例等非常重要。如果草坪剪切物等富含氮的绿色填料过多，混合填料可能瘫软成烂泥，内部空气太少，腐烂确实需要很长时间。

另外，如果填料中有太多含水较低的秸秆材料，又会缺少足够的氮以供微生物使用。由于缺少微生物来分解秸秆或叶梗中的木质成分，堆肥将会发霉，腐烂速度同样会非常慢。为了获得最快的速度，最好的搭配是30%

▼ 堆肥几乎就像变魔术，在几个月内就可以将毫无用处的废料变成良好的土质改良材料。

的绿色填料与 70% 的秸秆填料，存在 10% 的误差不会对结果产生显著的影响。

在温暖的天气中，如果以合适的材料一次性完全充满堆肥仓，则充填完成后 8~10 周内堆肥就可以使用。如果堆肥仓在清空后的 3 周内就被再次充满的话，这一时间可以少至 6 周。通常情况下，堆肥仓是分批次小批量填充的，在这种情况下堆肥大约在完全充满后的 12 周内成熟，因为少量的废料产生的热量也较少。如果在寒冷的冬季，这样的过程预计至少需要 4 个月。

当然，务实的园艺师们会利用可以获得的任何东西来充填堆肥仓，然后再也不为其牵肠挂肚。1 年后，他们所得到的回报就是非常好的堆肥。

以厨养园

厨房中很多废料都是非常好的堆肥充填料，其中以水果皮和择剩的蔬菜为主。当然，也有一些材料只能适量添加。还有一些材料例如蛋壳等，需要相当长的时间才能腐烂。

· 咖啡渣、茶袋、较软的纸板、报纸等，少量添加都会有好的作用。

· 过去，柑橘皮总被认为太酸，不利于蚯蚓。但现在人们已经不这么认为了，柑橘的唯一不足之处是需要很长的时间才能腐烂，除非被切成非常小的块。

· 绝不要往堆肥中添加患病的植物材料，而应当将这种材料付之一炬。

物质腐烂的速度在一定程度上取决于季节，但还有大量其他因素能够加快或延缓堆肥的腐烂过程。

Q 什么动物的粪最好？

马粪好于牛粪吗？鸡粪与鸭粪哪个更好？许多动物的粪肥都是园林中肥料的潜在来源，有没有一种粪肥无论在哪方面都占据绝对优势？

A 农家肥分3类，第一类来自家禽：鸡、鸭、鸽子等；第二类来自牛、羊、马、驴，以及一些引进物种如美洲驼、羊驼等；第三类来自猪。它们各有千秋。

适用就好

家禽粪富含氮，起效快，最好的使用方式是在春季少量施加，如果过量会使叶子疯长，影响开花。严重过量时会伤及植物的根，并且引起土壤污染。最好将家禽粪与大量的秸秆、落叶或其他干性材料放在一起沤制后再使用。

第二类粪肥如牛粪、马粪等，在成分上非常类似，含氮量均较低，但却含有丰富的有机质。应用前最好还

▶ 牛粪含有宝贵的营养物质，能够改良土壤。在农村地区来源广泛，成本低廉。

物尽其用？

　　人粪尿怎样？每当人们谈论起关于什么样的粪肥对园林最好时，总不可避免地会提及人类的排泄物，而且也总会指出，在中国古代，人的粪便被用作粮食作物的肥料，效果出奇得好。虽然这种"物尽其用"的理念被许多生态支持者和小农业主所热捧，而且也有一些用来沤制处理人粪尿的方法和设施，但仍然存在一系列卫生问题有待解决，所以你最好还是别在家里这样做，因为它并不是一种理想方式。如果你确实想改变你的菜园中的粪肥来源，考虑饲养一头美洲驼吧。

是用来做堆肥。特别是马粪中一般混有作为垫草用的碎木片，这些木片在土壤中需要很长时间才能腐烂，在完全腐烂前会消耗粪肥中的氮。其他动物的铺草通常是稻草，腐烂很快。所以，这些动物的粪肥可以不经堆制就直接使用，只要你愿意。如果要大量使用的话，在秋季和春季之间使用最安全，这有助于在土壤中形成大量极有价值的有机质。

　　最后一类是猪粪。猪粪中的氮含量没有家禽粪高，但大部分猪的饲料都是谷类以及大豆，这使得它们的粪比牛、马等以干草、青贮饲料为食的放牧动物的粪更加有肥力。对于猪粪来说，也是最好先堆制再使用，使氮含量与有机质达到一个良好的平衡。

为什么有些根会长出地面？

　　或许你已见到过某些树木隆起的根明显高于地面的情况。总体而言，大多数树根都在接近地面的位置生长，还有一些，如桦属、李属等树木，则是非常接近地面。但从地面之下长到地面之上是一个渐进的过程，需要很多年。

　　天长日久，植物的根不断生长、壮大。如果根系周围的土壤因为压实、沉降，或流失等原因而使地面位置下降，有时植根就会暴露至地面。

　　更为不可思议的是，某些植物会长出气生根。生长在热带海岸地带的美洲红树（*Rhizophora mangle*）会长出高跷一样的"腿"，将自己支撑在淤泥之上；另外一种长在沼泽地带的美洲沼泽柏树（*Taxodium distichum*）则会从根部长出多个高于水面的肘状根瘤，以使自己能够呼吸到空气。

绞杀之树

　　榕属的成员之一印度榕树（*Ficus benghalensis*）是一种最古老的树种，它是一种附生植物，在远高于地面的位置直接附着于宿主树上开始生长。随着不断生长，它会在宿主的树干周围生出向下生长的气生根。气生根不断生长壮大，看上去就像长出了多根柱子，最终融合形成一根"树干"，形成一棵新的树。在这一过程中，榕树会不断对其宿主进行"绞杀"。"树干"实际上是由树根组合形成的，它高高在上的"树冠"不断地将根伸向地面，这些根首先成簇，最终成林。

　　利用这种方式，印度榕树避免了在生命的早期与更加高大的树木竞争阳光，也避免了在地面上与其他植物的竞争。无怪乎这种树有一个外号叫"绞杀之树"。

　　树根长出地面有许多原因。有时潜水面上升到贴近地面的位置，促使根系向上生长。还有一些情况是土壤过于密实，根系无法向下生长。当然也有一些树木进化出了气生根。

地球上的土壤会耗尽吗?

土壤常被认为是一种无穷无尽的可再生资源。但是,今天农业上所依赖的土壤是在慢慢历史长河中自然生态系统的杰作,当土壤被"驯服"用于农业生产时,曾经为了土壤的形成而尽职尽责的野生动植物体系被农业取代,而农业不仅不能为土壤的形成作贡献,反而使它的品质不断降低。

农场主能否向园艺师学习?

农业种植常被指责使土壤肥力衰竭、产出降低,而用来种植蔬菜的土地却被公认为土质优良、土壤透气性良好,具有丰富的有机质与营养物质。菜园土能持续保持良好状态的重要原因有3个:大量使用有机堆肥与粪肥,保证了高水平的有机质含量;种植作物的多元化;不在多雨条件下进行作业或使用大型机械进行作业,避免了土壤被压实。

结论是什么?地球不会耗尽土壤,但我们要小心,应使用温和、可持续的作业方式来代替那些粗暴的作业方式。

土壤的破坏与流失是全球所面临的一个严重问题,甚至包括那些并不干旱、并没有面临危机的地区。研究表明,即使在英国那些开展高强度农业生产的地区,除非农业生产方式发生改变,否则未来的好收成也只剩下100次了。

犁地是控制杂草的一种极好方法,但是从长远来看,除非采取了保持土壤健康的措施,也会对土壤起破坏作用。

血、鱼与骨：何种血？什么鱼？谁的骨？

Q

"血、鱼与骨"是一种天然复合肥的常见名称，而且是字面上的名称，这种肥料几乎被每一个园艺师作为多效肥料使用。它价格低廉、肥效长久而且温和，对土壤的长期健康具有良好作用。但是，它的成分到底是什么呢？

A

素食主义者和有洁癖的人士请就此打住："血、鱼与骨"的成分恰如其名字，是食品生产的副产品，是动物所有可以被人类食用的部分被剔除后残余的东西。

磷从骨粉中的释放过程非常缓慢，一种新的潜在处理方式是将骨头加工成骨炭，以加快营养释放速度。

物尽其用

食品生产需要处理大量的鱼、牛、猪、羊、鸡等动物。加工过程中，动物的优质部分被首先选出；而后，不太好的部分则被用来生产价格相对便宜的香肠、汉堡等；最后剩余的不可食用部分就会被用来生产肥料。

这种肥料的营养成分依原料的不同而有所变化。例如，鱼粉约含有10%的氮、6%的磷和2%的钾；动物的蹄和犄角主要含有角蛋白——一种富含氮的纤维状蛋白质，在土壤中的分解速度缓慢；血液中也富含氮，但营养的释放速度相对要快；骨头中富含磷，被磨成细粉作为肥料。

无机肥是化学合成的，它的价格更低，肥效更快。"血、鱼与骨"肥料在土壤中被微生物缓慢分解，随着土壤温度的上升，在较长时间内逐渐释放出营养成分。分解速度取决于土壤的温度，植物生长速度也与土壤温度相适应，土壤越温暖，从肥料中释放出的营养成分就越多，植物生长也越快。

神奇三剑客

绝大多数肥料中的主要营养成分是氮、磷和钾。在肥料包装上，它们通常用字母缩写来进行标识：N 表示氮，P 表示磷，K 表示钾。包装标牌上还标示了每一种营养成分的含量。

氮能促进植物的生长，赋予植物叶子特有的、健康的深绿色。

磷促进了植物根系的健康生长，并有助于植物种子和果实的成熟。

钾对植物的开花结实是必要的，而且有助于植物抵御霜冻的侵害和真菌病的发生。

氮（N）

磷（P）

钾（K）

土壤中有多少大型动物？

除顶级捕食者（包括人类在内）外，其他动物都有被猎杀的危险，如果它们跑得不够快或攀爬得不够高，那么就需要在危险来临时将自己隐藏起来。在世界上的任何地方，都有许多动物在土中挖洞。洞是熊冬眠的地方，是狼或鼬鼠养育幼崽的家。对于弱小的动物，例如老鼠、鼹鼠来说，洞穴更是它们永久的居所，它们从这里出发去寻找食物、配偶。

如果动物打算为自己挖一个洞穴，则它的体型越大，所涉及的工程量就越大。不管是在地面之上或之下，大型动物所需的领地更大，因此它们的种群分部也更稀少。例如在芬兰，每 1000 平方千米才会有一只熊，而在每一平方米的土壤中，却可以发现上千，有时甚至是上百万微型动物。

在土壤中生活的大型动物（或者说比蚯蚓大的动物）远比你想象的要多。一般来说，体型越大的动物数量越少，在每平方千米的潜在领地上被发现的机会越少。

小型哺乳动物分布广泛，据估计，在英格兰，大约生活着超过 2400 万只兔子，约相当于平均每公顷土地上有 465 只。当然，兔子喜欢聚群，所以在某些地区的密度要比另一些地区更大。随着动物体型变小，它们的分布趋向于更加均匀。在英国，野鼠

棕熊
（*Ursus arctos*）

（field vole）是一种最常见的哺乳动物，估计数量可达 7500 万只。田鼠（field mouse）紧随其后，约有 3800 万只。但是，根据可获得的食物来源的变化，所有小型哺乳动物的种群数量有时爆发、有时骤降。当然，它们又是食物链上更高一层的捕食者们的主要食物来源，例如鹰、鸮、黄鼠狼等。

穴兔
（*Oryctolagus cuniculus*）

挖多深？

因为搬运土壤很费力气，而且动物在冬眠时仍然需要呼吸氧气，所以洞穴一般不会很深，大多数都位于比较接近地面的位置。还有，在潮湿的冬季，潜水面可能会上升到较高的位置，足以将深处的洞穴淹没。鼹鼠是货真价实的地下生活者，以蚯蚓为食，很少离开洞穴。野鼠则是生活在很浅的地层中，洞穴位于地表附近，经常外出食用植物嫩苗。大老鼠（rat）的洞穴也很浅，遇到重大危险时会跳出洞穴，快速逃逸。

欧洲鼹鼠
（*Talpa europaea*）

天气、气候和季节

太阳出来的时候不要给植物浇水，这话对吗？

什么时候是浇水的最佳时间，对此，民间的传统说法是不要在强烈的阳光下浇水。这话真的有科学依据吗？只要保证植物"快乐"生长充足的水分，什么时候浇水重要吗？

过去，人们相信水滴落在植物的叶子上能起到放大镜的作用，会将阳光聚焦到叶子表面，形成一片烧焦的斑点。新近的照射研究对此提出质疑：光学物理不支持这一理论。

浇水的最佳时间

显然，强烈阳光对光滑叶子上的水滴的照射不会伤害植物叶子。但对多毛的叶子可能会稍微带来些风险：理论上，由于叶子茸毛的存在，至少可使微小水滴与叶面保持一定的距离，足以使光线能够聚焦到叶面，理论上会形成烧灼现象。

然而，即便是不会烧焦叶子，还有另一个论点反对在明亮的阳光下浇水——造成水的浪费。多达18%的水在浇水、喷洒过程中会在空气中蒸发掉。相反，夜间浇水会更节约，但也会引起其他的问题：在温和的天气下，高湿度、适宜的温度会导致植物更易被细菌或者真菌感染。大多数有经验的园丁会告诉你，浇水的理想时间是在黎明前——当然，如果这段时间太早，你可能起不来，你完全可以安装一个控制灌溉阀的定时器，让它帮你解决问题。

水应浇到哪里

水最好直接浇在地上，而不是浇到植物的叶子上。滴灌或渗灌在全日照情况下也能最大限度地减少水耗，因为它释放的水分是在土壤表面，甚至是在土壤内。湿润植物的根部也是给植物降温最有效的方法。

什么时候需要给植物浇水？

植物处于缺水状态时，叶子出现枯萎情况或者呈黯淡的灰色，表明它已经受到损害：这时植物的生长已经停止，更易遭受病虫害，并且有时候植物生殖周期的关键环节可能已经中止，例如结籽。

为了防止出现这种情况，你需要认真检查种植植物的土壤，特别是盆栽植物。土壤有时干燥，但看起来湿润，反之也是这样。例如，黏性土壤看起来是湿润的，但由于其颗粒太小，而且水分被紧密地封存在里边，以至于植物的根系无法汲取。因此，在黏土表面出现任何变干的迹象之前就需要浇水。另外，沙土可能看起来很干，但如果抓一把放在手上，你会感到它仍然湿润。虽然它的含水量可能不大，但所有的水分都能被根系吸收。因此，对于沙土，只有在用手触摸感到干燥时，才需要浇水。

枯萎的叶子 ———

植物根系会被冻坏吗？

不耐寒植物的根系，例如西红柿和大丽花，通常会被冻死；但是很多耐寒植物在根系被冻结后仍能存活。即使是在英国等气候温和的地区，土壤的冻层偶尔会达到 20~30 厘米，在寒冷地区，例如美国中西部，冻层会厚得多，能达到 120 厘米。

关键在于春季

根系需要很长时间才能适应寒冷气候，并且从来不会进入完全休眠状态。冬季来临时，随着根系对结冰—融化循环的适应，植物对寒冷的适应过程是渐进的。春天到来时，这种耐寒性又进入相反的过程。冰雪开始融化时，植物的根系能否立即做出全面而迅速的反应非常重要，因为早春是土壤能够提供丰富营养物的重要时刻，它们正等待着植物的吸收和利用。

当冬天来临时，温度开始下降，多年生植物和树木的地面部分进入休眠状态，这样就不容易遭受冻害。但是，在地下却是发生着不同的故事。

▶ 尽管老橡树在冬天会失去全部树叶，但年轻的橡树却至少能保留一部分树叶。

让花盆保持温暖

众所周知，盆栽植物的根系特别容易受遭受冷冻的侵害。如果花盆周围空气温度很低，盆中土壤的温度将比田野里生长的植物根区温度低得多。而且，如果气温非常低，盆栽植物的整个根部可能会冻成一团，其后果将无法挽回。因此，遇到寒冷的天气，可用泡沫材料或羊毛给花盆裹上一个外保护层，或把它整个埋在树皮碎片中，这些措施非常重要。

尤其是常绿树木的根系，在春天需要快速生长。常绿植物的树叶在冬季的寒风中也会变干并遭受损害。要保持绿叶，需依赖它的根系来抵御寒冷季节的干燥影响，对此，假如它们的根系能迅速开始获取水分，这样就便能有所帮助。如果动作迅捷，它们还能抢在动作较慢的落叶树之前利用土壤里的水分，从而开始了为春天"发芽"而产生的用水竞争。"发芽"是落叶树的叶子开始萌发时的叫法。

为什么有些树秋天落叶，而其他的却不落？

如果大自然是合情合理的，那么所有的树木都应该是常青树。假如你是一棵树，将自己所有的叶子丢掉肯定会感到没有道理——每年春天来临，仅仅为了重新长出那么多的叶子，就要耗费大量能量。合理的假设是，全年将叶子都保持住，并且让叶子长得足够大，以尽可能高效率地进行光合作用。

如果生长不受到限制，树叶一定是常青的，而且是阔叶而非针叶。常青的树叶可以一年到头生长，还能充分利用现有的条件。在多雨和无霜的地区，树木生长的限制条件很多，这里的树木常常是落叶树；在干旱、气候条件严酷的地区，无论是炎热还是干燥的气候，例如地中海地区，或者是特别靠北的、冬天土壤冰封的地区，针叶能较好地为树木提供保障，因为针叶的光合作用效率虽有限，但很抗冻。

大自然对此类树木的生长已经作出了妥协，当自然条件非常不利于常青的树叶时，但仍能让针叶树勉强忍受。如果某地的生长季节足够长，树木有充足的时间生长和落叶，这些地区就适于落叶树木生长。对于冬季特征显著的地区，树上长出单薄且易于脱落的叶子在能量使用上似乎是划算的。寒冷天气到来时，叶子脱落，然后在春天再长出更多的叶子。

在一个地区，不必全部都种同一个树种。一些天然的、未受到侵扰的森林既有松柏类，也有落叶类树木，它们在相同环境里共生，各自有各自的生存方式。大体上，一些阔叶常青植物在落叶森林的下层空间中找到了

答案在于树木生长期的气候和环境。在四季分明的地区，树木在春天长出新叶子并在冬天落叶更能节约能量。但是，这并不是一成不变的规则，因为常青植物和落叶树事实上是在一起生长的。

保持树木的叶子不落

年幼的橡树和其他几种属的树木会在整个冬天垂下枯萎的叶子，只在春天才脱落。这种现象被称作凋存（marcescence）。目前尚不完全清楚这一现象如何对这类树木有利。可能是那些在春天落下的叶子在夏天腐烂后，可以作为额外的肥料让树木从中受益。当这些树成熟时，上述习性便不复存在，它们会像其他落叶树一样在秋天落叶。

广玉兰
（*Magnolia grandiflora*）

适合自己生长的一席之地，上面的树木为它们形成了很好的遮蔽。例如，冬青树、常春藤和广玉兰等都已经进化到能在高大的树下生长。这些树的生长期很短，因为只要旁边的落叶树邻居一开始长树叶，它们就会被遮蔽在这些树的阴影里，光合作用不能顺利进行，因此没有时间让叶子脱落然后再长出新的叶子。

当植物湿润时是否可以少浇水？

植物会受周围空气中含水量的影响。叶子通过水分平衡后的蒸腾作用失去水分——通常水从叶子湿润的内部传递到周围干燥的空气中。不过，如果空气中的湿度较高，叶子通过它的微孔"漏出"的水分就会较少。

无论是什么树种，相比用水打湿植物，将水浇到植物的根部在多数情况下都是更有效的浇水方式。植物叶子上的气孔或微孔会在植物缺水时闭合，在潮湿环境中会持续打开，这意味着光合作用的进行未受到影响，维持了理想的生长速度。

令人遗憾的是，水蒸气的扩散的确非常迅速，通过将温室的地面和叶子弄湿基本不能达到所需的湿度。温室的湿度控制需要通过精确的通风和供暖来实现。有时户外空气的湿度比封闭温室内的高，此时通风是最好的控制方式。当通风条件不具备时，由于种植热带植物的温室需要利用通风带走热量，这时可采用喷水的方法形成薄雾或水雾，喷水最好在湿度传感器的控制下进行。

环境越潮湿，植物需要的水越少。保持空气湿润（例如，在一个温室内）可以作为一种减少植物所需浇水水量的方法，但是这也会增加细菌和真菌病害的风险。

温室的湿度控制需要通过精确的通风和供暖实现。有时户外空气的湿度比封闭温室内的高，此时通风是最好的控制方式。

带叶扦插

　　湿度肯定是光合作用的一个朋友，当通过带叶扦插进行繁殖时，可利用湿度保证它们能成功"成活"。

· 扦插的枝条应该是 8~12 厘米长的嫩枝，并带有几片叶子。

· 去掉枝条下部的叶子，将枝条下半部分插入生根培养基（粗砂粒和椰壳纤维的混合物最佳）中。因为扦插没有根，最初对它浇水没有用；相反，周围环境应保持得非常湿润，可以用塑料罩罩在花盆上，也可以把它们包在干净的塑料袋中。

· 插枝应保持光照，但要远离强光或热源（否则会被烤干）。潮湿的环境和适度的灯光将保证它们光合作用的效率，并快速生根。一旦生根，可以通过枝叶的生长观察到这一点，由此可以判断它们已经"成活"，然后就可以正常浇水了。

　　在高湿度情况下，植物容易受到各种病害侵袭，特别是容易腐烂。任何褐色病变或潮湿的物质应尽快从嫩芽上去除。

闪电会对植物有益吗？

在广大农村地区，一场突发暴风雨之后到处都显得郁郁葱葱。这仅是下雨导致的结果吗，还是相较而言雷电对植物带来了好处却没有表现得那么明显？

在我们周围的空气中充满了无法吸收的氮。氮分子由两个氮原子组成，它们紧紧地捆绑在一起，这种情况下它们无法和其他任何原子结合，除非被分开。闪电将空气电离，轰开配对状态下原子之间的结合力，使得新分离出的单个氮原子与其周围的氧原子结合。这个组合生成氮氧化物，氮氧化物与大气中的水发生反应，生成硝酸。

打雷本身并没什么好处，但与之相随的闪电可以为植物带来间接好处。打雷产生的电荷会带来一种额外效应，为雨水浸泡的大地提供一剂快速生长剂。

仅需加水

一旦二氧化氮和一氧化氮存在于空气中，夹杂着雷声的阵雨会溶解它们，变成硝酸落在地上，这是植物可以吸收和利用的氮的形式。如此，在风暴过程中落下的雨——假若在它之前又遇闪电，便提供了植物可以立即吸收利用的一种稀释好的肥料。当一阵风暴之后，风景看起来尤其苍翠之时，这可能是因为绿色植物不仅接受了一场洗礼，而且还享用了一顿营养美餐。

闪电不仅能让你毛发倒立，还会切断氮原子之间的化学键。

热的土壤能烧坏植物吗？

　　土壤是一种极好的隔热材料，因此很少会遇到因土壤过热而烧伤植物根系的情况。在夏季，如果环境还算有利，且植物正在吸收足够的水分，植物会出现季节性超量生长，这意味着其根系周围的土壤会被植物叶子的阴影所遮蔽，这反过来有助于防止地面变得过热。

　　在土壤不能被叶子遮蔽的地方，植物常常已经长出更加木质化、多茸毛或者蜡质的叶子。这些叶子反射的光线要比吸收的多，可以帮助植物避免过热。

充分利用护根遮盖物

　　园丁一般会使用护根塑料薄膜除去杂草，但是它们也能影响表层下土壤的温度。白色护根遮盖层可以保持土壤凉爽，透明的遮盖层可以让土壤保温，黑色的不仅可以保温，还能让土壤变得很热，这会烧伤枝叶。显而易见，如果你想保持根系健康（至少，希望植物生存下去），就不能将土壤加热到这种程度，但是如果你想对土壤进行杀菌消毒，过度加热是可

如果植物原生于目前正在生长的气候中，它们一般已经进化得能够承受其独特的温度。保温影响种子的发芽，虽然我们习惯了种子在天气太寒冷时不会发芽的概念，但许多种子在太热时也不会发芽。

以利用的方法。在炎热的地区曾有记录显示，经过一段时间的暴晒，覆盖的透明地膜可使地表及紧挨地表以下的区域温度高达 76℃，这样会杀灭大部分地下生物并对土壤起到消毒的作用。

▼ 热浪来袭时，一个临时防止土壤过热的更为常用的办法，是采用天然的护根遮盖物，例如用树皮遮盖。另一种好材料是干草，因为它能帮助反射烈日下的阳光。

树木是怎样知道什么时候要落叶的？

　　一年中，落叶树能在气候比较温暖的季节保留其叶子，但在比较寒冷、不那么有利的冬季，让叶子落掉。理论上，常青植物的叶子效率最高，但是真正的常青树的叶子在冬天也易受到损害。因此，大多数常青植物已经把它们的叶子进化成针叶，本质上是为了抵抗天气伤害和水分流失。针叶的效率没有脱落树的叶子高，只有在冬季土壤结冰、不可能吸收水分的环境中，这是它能带给母本仅有的一个优势。

　　树木会在每年大致相同的时间内落下它们的叶子。最初的触发因素是冬天来临时日照时间缩短。降温也是一个因素。

落叶树的不利因素

　　落叶树确实需要在每个春季投入大量能量用于长出新的树叶。同样，在秋天旧叶子掉落的同时，它们也会失去相当多有用的物质。在叶子掉落之前，树木尽可能多地向树干"拉回"营养物质，尽可能多地回收能量。树叶落到地上后会逐渐腐烂，并在来年春季为树根提供一些营养。特定的树种每年落叶的时间非常相似。

落叶的诱发因素是白天时间缩短和夜间时间延长。这一关键期限取决于物种和它们生长的地点。通常，树木在白天和晚上时长相等时开始落叶。气温下降是另外一个因素（当气温下降，树木停止生产叶绿素），但这只是一个附加的因素。每年的气温变化可能会很大，但白天的时长没有变化，因此每年落叶的时间是相同的。

叶子脱落的机理

光亮和黑暗会被植物光敏色素"感知"。光敏色素有两种存在形式：一种在有亮光时形成，另一种则形成在黑暗中。当这两种色素之间的比率发生改变时，植物内部的荷尔蒙开始发生变化，并在植物体内发挥着不同功能。当白天逐渐缩短时，树木开始生成一种叫作脱叶酸的荷尔蒙，它引起每片树叶根部叶柄处的木栓质层"脱离"。该木栓质层的细胞阻滞营养物质和水分流向叶子，由于叶子的供应被切断，叶子便脱落了。

▼ 欧亚槭茎节的光学显微切面图。茎部边缘的红色层面为脱离层，由木栓层和薄壁组织（木栓形成层）组成。这是树叶在秋季脱落的第一个阶段。

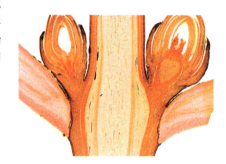

自然落叶实验

人们曾经对生长在室内的落叶树进行过落叶实验，在这种情况下，可以对生长室里面的白天时长和温度进行严格控制。实验发现，树木在温度下降但白天时长较长的情况下不会落叶，但是在白天和夜晚的时长相等时，树木开始脱落叶子。在现实生活中，有时也可以看到类似的情况，当树木的枝条靠近路灯生长时，相对于那些远离灯光的树木和枝条，这些枝条保持绿色的时间要长得多，也会长时间保持其叶子不落。

植物在没有水的情况下能存活多久？

正如你可以想象的，植物在没有水时能维持多久，这在很大程度上取决于植物本身。一棵莴苣幼苗如果它的根干透了，则一两天内就会死掉，而某些品种的仙人掌可以在没有水的情况下存活几周。最极端的一种情况是，在酷热、干旱的智利阿塔卡马沙漠（Atacama Desert）的不毛之地，抗干旱的妖鬼丸仙人掌（*Copiapoa echinoides*）可能是世界上最耐旱的植物，它在没有任何明显水源的情况下能生存多年，并因此而闻名遐迩。

干旱的生活

仙人掌和其他多肉植物共同被称为旱生植物。它们已经可以适应数天、数月甚至数年没有水的生活。这些植物本身没有叶子，相反，它们的外皮很厚，水无法渗透，而且上面可能还覆盖着尖刺和茸毛。它们的新陈代谢也不同于"正常"的植物。大多数植物的毛孔（或气孔）在白天张开，以便让二氧化碳进入进行光合作用。不过，长期张开毛孔不可避免地会导致水分流失。旱生植物在炎热的白昼会关闭毛孔，并在夜里和天气凉爽时打开毛孔。因为在天黑时，仙人掌不能马上通过光合作用利用二氧化

妖鬼丸仙人掌

一些植物已经在干旱的条件下发生了进化，这些植物能在没有水的情况下长期很好地生存，然而，那些生长在容易获得水分的环境中的植物，在干旱情况下很快就会死掉。

碳，相反它们采用化学方法将其"凝固"为一种有机酸。当日光在第二天出现时，二氧化碳被释放出来以便进行光合作用。这套系统的技术名称是景天酸代谢（crassulacean acid metabolism）。由于这种代谢效率不太高，因此旱生植物一般生长得很缓慢，但是这项功能却意味着这些植物能在其他植物无法生存的环境中存活。对于身处非常炎热、干旱气候条件下的园丁来说，旱生植物也是非常有用的，因为在这样的地区如果没有它们，园艺活动将无从开展。

大红石莲花
（*Echeveria lurida*）

当室内植物缺水的时候

你可能会认为，栽在室内花盆里的植物因根部生长空间有限，因此往往会面临缺水的困境。毕竟，许多生长在小盆里的植物在阳光照耀下，每天都要浇水，有时一天要浇两次。但是，有一种简单的方法可以帮助它们应付连续的干旱时段：如果将它们集中放置在阴凉处，把水浇透，这样大多数植物能在两周的假期时间内不会受到严重伤害。这种做法之所以有效是因为一堆花盆可以营造一个湿润的小气候。阴凉环境能让植物的水分需求维持在最低水平。

为什么有些植物在霜降后能生存，而其他的却不能？

一次突然的、意想不到的晚霜对有些植物会是一场毁灭性的灾难。如果没有一段时间让气温逐渐变冷做铺垫，以便让植物为结冰做好准备的情况下，突然而至的严寒对植物是致命的。植物发生硬化的过程，也是为适应严酷环境的准备过程，而这一过程只有在温度逐渐降低的情况下才有可能发生，而且在恶劣的天气过去后，到了春天这个硬化过程又是可逆的。不过，令人担忧的是，如果冬天出现温和的天气，这个过程也会发生改变——如果由温暖的天气快速变为一场严重的霜冻，那么由于防御措施的缺乏可能会严重损害植物，甚至冻死植物。

耐寒植物有许多生存技能，其中的两种能力可以帮助它们抵御严寒气候。第一个是硬化过程，第二个被称为过冷现象。

硬化的工作机理是什么？

硬化过程包括增加硬化植物细胞内处于溶解状态的糖和其他有机分子的浓度。这样就能降低细胞可能结冰的冰点，并防止可以刺穿细胞壁的冰晶的成形。这个工作过程就像在汽车上使用防冻剂一样，能将结冰点降到 −2℃ 左右。相对来说，这种防护作用是不足的，所以看上去这种"抗冻"化学品很可能同时还在调节植物内随后出现结冰的比率和结冰的位置上充当角色，这一过程与过冷现象共同发挥着作用。

过冷现象

当温度连续几天降至 5℃ 时，植物就会出现"过冷"现象。这会促使很多耐寒植物和树木为进一步的寒冷气候做好准备。一旦准备就绪，它们细胞的内含物能在温度下降到 −40℃ 时不会因冻凝而结成固体。这得益于一个事实，即在植物寒冷的树液中没有小的颗粒或泡沫，它们是形成冰晶

不耐寒植物在低于 12℃ 的气温时功能就受影响——它们细胞的电解反应停止发挥作用。不过，耐寒植物，我们从名字就能看出来，假如事先通过温度逐渐冷却的"警告"过程，它们通常能经受严寒的考验而生存下来。

柳树

不耐寒植物的传宗接代

　　对于不耐寒植物而言，即便母本死了，它们仍有能让其自身基因在寒冷状况下传承下去的方法。例如，西红柿会生出种子，可以在下一年生长。另外，马铃薯同样易受寒冷的影响，它会形成块茎作为储存在地下的器官，在下个时节再次长出新植株。因此，即使这些植物已经死亡，但它已经保证了自己的后代可以继续存活。

马铃薯

的晶核，所有冰晶都需要晶核作为成形的起点。如果硬化的全过程没有发生，那么过冷现象也将不会发生。

　　即使如此，这些适应能力在非常寒冷的北极和高寒地区仍显得不够用。而桦树和柳树在这些极端情况下还能调动另一个方法：它们可以将水从细胞中移到细胞壁之间，这里则是结冰无害的地方。在脱水的情况下，植物大多数的细胞都会死亡。但是，演化已经使得这些树种能够应对这种情况：对这些脱水细胞而言，似乎还没有它们不能生存的寒冷极限。

怎样知道鳞茎植物什么时候发芽？

　　鳞茎植物的植物学名称叫作地下芽植物，通常起源于气候条件恶劣的地区，是植物为适应恶劣的气候条件进化而成的。并且，在极冷、酷热或存在众多饥饿食草动物的情况下，哪里会比地下更加安全、更加适于"居住"呢？种植者自己知道，在一定的范围内，每年春季鳞茎（以及球茎和块茎）植物几乎都在同一时间开花，这说明其中有一个复杂的机制在发挥作用。

　　温度决定鳞茎植物什么时候从地底下长出来，并且在它们开始生长之前，很多鳞茎植物似乎需要经受一段寒潮的时期。这背后的机理目前还不被人们完全理解，但可以肯定的是，鳞茎植物内部有一台"闹钟"和一个"温度计"，用以告诉它们什么时候开始生长才是安全的。

水仙花

　　春天开花的鳞茎起源于夏季炎热、冬季寒冷的地区，一些典型的代表性植物品种有：起源于海拔较高的地中海型气候条件下的水仙花、雪花莲和仙客来，和发源于一些半干旱地区、伴有干旱的冬季和夏季的观赏性植物，如洋葱、郁金香（*Tulipa*）和一些鸢尾花。蓝铃草（*Hyacinthoides*）已经进化出充分利用冬末和叶满枝头之间短暂的良好光

郁金香鳞茎

线的能力。

开花的过程

温度是鳞茎植物生长的诱发因素。鳞茎植物在形成自己的花穗之前需要经历一段寒冷时期，但不能结冰，温度最好在 5℃ 左右。据说这会影响植物内的赤霉素和植物生长素水平，二者是刺激植物生长的激素。对郁金香来说，它的花在夏末温热的土壤里便开始发育，但只在经过一段寒冷时段（用种植者的话来说，即寒冷将鳞茎从压抑状态"解放"出来，启动了它的生长过程）之后的次年春季才开始生长。其他一些鳞茎，例如百合花，甚至直到经历了寒冷时段之后，还不形成花蕾（专业术语是春化作用）。如果要发育出花，它们还必须要经历一段很长的启动过程，这可能是为什么它们的花要比郁金香的花开得晚的原因。但是无论遵从哪种方式，经历寒冷是鳞茎植物发育过程的一个重要因素。

冬季和夏季开花的鳞茎植物

在冬天和夏天开花的鳞茎植物对温度的要求并不高。例如，长寿花鳞茎植物。这一类植物包括颇受欢迎的、雅致的纸白水仙，它们通常是花园里很早就开花的植物。在没经历寒冷期刺激的情况下，如果气温足够，它们在秋季和冬季都会开花。此外，在夏季开花的鳞茎，例如小苍兰（*Freesia*）和剑兰（*Gladiolus*）等仅在享受了足够长时间的光合作用、聚集了足够的开花资源后才会开花。

芳晖小苍兰
（*Freesia caryophyllacea*）

雨影区是什么？

如果一个地区总是没有降雨，原因是丘陵或是山峦挡住了降雨主气流的路径，这一地区被称作雨影区。在炎热的地区，当挡住风的山脉很高的情况下，两者共同作用就会导致一处沙漠的形成。位于加利福尼亚内华达山脉雨影区的死亡谷就是这种极端气候的一个典型代表，该地区平均年降雨量仅有 60 毫米。

雨影区是被丘陵或山脉挡住降雨的地区。在某些气候条件下，雨影区可以起到一种有益的协调作用。在非常潮湿的地区，雨影区形成的比较温暖、干燥的环境是颇受园丁欢迎的。

在英国，威尔士是另一种雨影区的例子——一种对园艺比较友好的雨影区。威尔士的确非常潮湿，它的西部边界生长着丰茂的山茶、绣球花、木兰和杜鹃花，但是很多其他植物不适应靠近持续湿润气候的地区：在威尔士北部的斯诺登尼亚（Snowdonia）山区，年平均降雨量差不多有 4500 毫米，除了鸭子，没有任何人会喜欢这里。但是，从威尔士丘陵的背风处，进入伊夫舍姆（Evesham）山谷，这里的气候逐渐变得非常温暖和干燥，也推动了苹果汁、水果以及蔬菜加工业的成长。

经验是什么？作为一个寻找新场地的园丁，不能只检查花园附近的道路情况，也要检查当地的小气候。

◄ 茶梅（*Camellia sasanqua*），在潮湿地区枝叶茂盛，但在雨影区就不会长得这么好了。

Q 一棵树一天要消耗多少水？

　　像所有植物一样，树木内部并不需要很多水，从土壤里吸收的水大部分用于蒸腾作用——通过树叶失去的水蒸气是光合作用的一个关键部分。树木每天需要多少水取决于许多不同因素。

A

　　一棵树需要多少水，其所处的位置和天气起着决定性作用。树周围的空气越温暖、越干燥、流动越快，需要的水就越多。在森林中，或者在都市环境中被大楼环绕的一棵树，比暴露于风吹环境中的独树消耗的水量要少。

"喝水"大户

　　树木对水的消耗情况很难一概而论，这是因为它们对水的需求差别很大。但是，平均而论，一棵大树一天从土壤里吸收的水量超过 450 升，这的确会让它成为一个非常口渴的生物体。这些水的大部分用于叶子的蒸腾作用。即便是在降雨量很大且很有规律的地区，要保持住这样的供水流量，土壤里的水也不大可能保证总是充足的。在树林或森林里，大量的降雨被高出地面很多的树冠所拦截，并直接蒸发掉了。当水量不能得到满足时，树木可以关闭叶子上的气孔（或者毛孔），以减缓蒸腾作用，由此降低水量的消耗。

树吸收的水比草坪多吗？

　　你可能认为一棵树的需水量会比一块草坪更大，但是所有在潮湿土壤里生长的植物实际上蒸腾的水量大致相同。

为什么一些蔬菜在下霜后尝起来更好吃？

过去，好的蔬菜园丁经常要等到几次严重的霜冻之后才收获冬季的根茎类作物。他们知道，如果在下霜之前收获，像欧洲萝卜这样的蔬菜很难嚼，而且还有一股淀粉的味道。然而，在经过一次霜冻之后，它们的味道会变得非常甜，有一股比较可口的香味，尽管他们可能不知道其中的原因。

甜味背后的科学

从蔬菜的角度来看，在寒冷的天气里将菜中的一些淀粉转化成糖是有意义的，因为糖能帮助蔬菜防止细胞里的水结冰。糖分子在蔬菜里与冷水混合后，会阻止水分子上升并结冰，实际上，它们降低了蔬菜的冰点。比如，在欧洲萝卜里的水可以冻得非常冷，但是它仍然不会变成冰。

蔬菜经常以淀粉的形式储存过冬的营养物质。在寒冷的天气里，淀粉会分解形成糖，因此蔬菜的口味得以改进。

这种额外的甜度在根茎类和绿色蔬菜里也存在。它们在技术上的成因并不都是一样的，例如在球芽甘蓝（*Brassica oleracea*）中，比较甜的味道被认为是因为冷天的低温减少了存在于这种作物中带有苦味的化合物，而不是因为淀粉转化成了糖。

但是，并非所有冬季蔬菜都是耐寒的，像甜菜根、胡萝卜和大头菜等很多蔬菜，需要在气温降得非常低的时候加盖一层稻草进行保护。

不要让土豆结冰！

与其他许多作物不同，土豆不能通过霜冻来改善口味。霜冻后的土豆肉质会变成棕色，煮熟后，有一股近乎焦糖的味道，不好吃。因此，请保护你的马铃薯作物免受低温影响。

冬日里味道尝起来更好的蔬菜

下列蔬菜不仅味道好，而且每一种都有利于健康。

卷心菜。大多数类型的卷心菜都能耐
受很低的温度，且不会有任何伤害，寒冷只会
改善它们的味道。就健康方面来说，卷心菜富含
维生素 A、维生素 B 和维生素 C，除此之外，还有抗
炎症的微量元素或多酚。

绿甘蓝

绿甘蓝和芥菜。这两类冬季易生蔬菜均富含维
生素 A、维生素 K_1 及抗氧化剂。

羽衣甘蓝。作为数量不断增加的"超级食
物"之一，羽衣甘蓝享受这项殊荣确实绰绰有余。它
含有大量维生素 K_1、维生素 A 和维生素 C、抗氧化
剂，以及合成人体蛋白质中的所有九种氨基酸。

芥菜

大头菜。一种甚至在非常低的温度下还能快速生长的蔬菜，是一种靠得住的
快速生长作物。大头菜富含芥子油甙，这是已经证明具有抗细菌和抗寄生虫功能
的天然化合物。

欧洲萝卜。易于炖煮、烧烤，加入坚果后味道甜美，富含
钾、纤维素和维生素 C。

大头菜

植物在沙漠里怎样生存？

虽然我们经常会使用"沙漠"这一词汇作为炎热、贫瘠的地方的总称，但不同的沙漠之间的区别也是非常大的，可以从十年间仅仅只有一次降雨的砂石荒野，到降雨虽然稀少但仍可预测、温度比较适中的相对富饶地区。植物具有极强的适应性，一些植物通过不断进化，在很多沙漠里找到了生存的一席之地。

在大多数沙漠里都存在着一定形式的植物生命，但其中只有少数还可以算得上是适应性最强的植物。不同的植物物种都已经进化出各种应对异常炎热和干燥条件的生存方法。

南非卡鲁沙漠
（Karoo Desert）

高地沙漠，海拔达 1000 米，温度适中，可预测的冬季降雨量高达 200 毫米。植物在春季快速生长并结籽。种子在夏季和冬季休眠，和以往一样在次年的春季快速发芽、开花。

五大沙漠

从这五个例证中，我们可以看出不同沙漠之间的差别有多大。

智利阿塔卡马沙漠
（Atacama Desert）

异常干燥和贫瘠，往往很多年一滴雨也没有，年平均降雨量仅有 1 毫米。连植物也发现这里的生存条件十分艰难，在稍微凉爽和潮湿的沙丘上，仅有少量仙人掌在勉强支撑着。

◀ 大花岩马齿（*Cistanthe grandiflora*）是一种在智利阿塔卡马沙漠发现的开花植物。

🔺 百岁兰（*Welwitschia mirabilis*）是一种分布于纳米布的古怪灌木状植物。两片带状的叶子会持续地生长，可以长到几米长。

非洲南部的纳米布沙漠
（Namib Desert）

沿海沙漠，每年仅有100毫米的降雨量。这里生长的植物依靠海岸水雾的凝结水和季节性降雨。

北美洲索诺拉沙漠
（Sonoran Desert）

这一沙漠气候相对湿润，在每年夏季和冬季的两个"雨"季里，降雨量为80~400毫米。

与其他地方相比，这个沙漠里生长着多种植物，而且植物的植株较大。尤其是富含树脂的三齿团香木（*Larrea tridentata*），从名字可以看出它有强烈的气味；以及巨人柱仙人掌（*Carnegiea gigantea*），它有很浅但分布面积很大的根系，即便是很小的一点降雨也能为其所用。

横跨印度和巴基斯坦的塔尔沙漠
（Thar Desert）

不同于其他的沙漠，塔尔沙漠的植物非常稠密。在季风季节最末的夏季月份，降雨量可达100~500毫米。那里最常见的植物是灰牧豆树（*Prosopis cineraria*），它的根系扎得特别深，而且对地下的咸水具有特殊耐受性。

植物与沙漠抗争的五种方式

沙漠植物具备的生存策略包括：

· 快速吸收大量水分的能力。

· 蜡质外皮可将水分保存在体内。

· 仙人掌等植物身上长着刺，可以防止同样面临缺水状态的动物啃食自己。

· 保存水分的光合作用方式，这意味着植物只需在夜间打开气孔。

· 在特别严酷的季节让自己休眠，以及在气候条件改善时迅速恢复活力的能力。

什么是"错误的雨"？

随着全球变暖加剧，在以往气候温和的地区，现在也越来越多地出现异常或极端的天气形态，气象预报也变得越来越不准了。但是，当我们听到"错误的雨"时，它实际上指的是什么呢？

"错误的雨"这一提法是一个相对较新的概念，在经历了一段时期的干旱之后，出现短暂且非常大的降雨时，这个词会被非常频繁地提到。从人类的角度来看，这种降雨没什么作用：在近乎烤焦、干透的土地上短暂的强降雨，意味着雨水根本来不及吸收。相反，雨水要么直接流走（并且会产生超负荷的排水问题），要么在它浸入土壤之前就蒸发掉了。这类降雨在短期来看，它会让土地像以前一样干旱，长期来讲对解决缺水问题起不到任何作用。

在极端情况下，这类降雨会造成

毛毛细雨或者倾盆大雨——雨在形成时就不是平等的。当雨不能满足人类需要时，无论是灌溉庄稼，还是给水库补水，都会被天气预报员认为是"错误的雨"。

洪水暴发，例如 2019 年在西班牙穆尔西亚自治区（Murcia），一场灾难性的洪水起因于一场短时间的倾盆大雨，当时测量的降雨强度为每小时 90 毫米。

▼ 碎石覆盖的土壤仍然能够吸收水分，但水泥或其他方式铺设的硬化地面则不能。

正确的降雨类型

在温带气候的缺水时节，如果是长时间的毛毛细雨，这种降雨的效果最好。由于雨水逐渐地浸透土地，不会有突发洪水的危险。虽然可能对提振人们的情绪不利，但至少在环境上，连绵不断的毛毛细雨是一种恰当的降雨方式。

▲ 随着人口数量的上升，原本用于泄洪的地方也开始修建道路和房屋了。

种树，不要铺路

在最近的二十年里，一个个门前花园以空前的速度变成了硬质景观的车道。或许，这可以理解：越来越多的汽车意味着停车场地价格上涨，而且在你的房子前面铺设硬质地面在维修方面很省事。但是，如果要想对环境有益，种草和裸露土地是非常友善的选择，像水泥或石块路面这样硬质地面在白天吸收热量并在夜里释放热量，从而升高城镇的温度。在这种情况下，哪怕是减少一小块绿草，也会对一些动物构成伤害。或许最糟糕的是，当大雨来临时，这么多一小块一小块硬化的土地如今已经增加了在都市暴发洪水的危险，因为没有任何地方可以吸收这些雨水，只能直接涌向城市的下水道。并且，在天气变得更加难以预测的当下，洪水泛滥正在成为人们越来越关心的一个难题。请尽可能多地保留户外地区，让它们尽量保持绿色，以帮助解决这一难题。

为什么树叶在秋季改变颜色？

冬季来临时，白天缩短、气温下降给树木发出了信号，树木这时将采取措施储存能量。叶子里贮藏的营养物质，特别是叶绿素这时会被分解并送回到树干和根系以免在冬天遭受损失。另一方面，对树木吸收后不再需要的物质，例如硅和少量金属元素等，这时会被运送到树叶中，在树叶脱落时一并离开树木。

秋季树叶颜色的配方

当叶绿素从树叶传送到树干和根系时，其他色素开始登场，将秋季的树叶变幻得色彩艳丽。胡萝卜素和叶黄素产生黄色，同时红颜色和紫色来自残留在叶子里的花青素和糖分的混合物。叶子中剩余的叶绿素与花色素苷一起在温度和光线的作用下产生层次渐变的艳丽色调，这是为什么欧洲大西洋沿岸的秋天显得寒冷、阴暗，而新英格兰却有比较温暖、明亮的小

枫树常在秋季呈现壮观的色彩。

阳春，产生的颜色效果也更加明显。
新英格兰以其秋天色彩的绚丽多姿而
闻名。

A 叶子呈现出绿色是因为叶
子中的主要色素是叶绿素。在
冬天，树木保存能量的方式之
一是通过把叶绿素和其他营养
物质回收到树干中。

毛毛虫的伪装

秋天的到来对毛毛虫可能是坏消息。许多
毛毛虫已经设计出了巧妙的伪装，把自己混同
于宿主植物夏天的叶子里。还有一些，例如美洲
白桦尺蛾幼虫（*Biston betularia cognataria*），能让
自己的伪装适应于不止一个宿主，有时可以多达 13 种
以上。更加令人印象深刻的是，有些毛毛虫靠吃特定食物来
改变颜色，而白桦尺蛾毛毛虫仅需看一下宿主的颜色便能与其
匹配。

不过，到了秋天，这一切发生了变化。由于某种原
因，看起来毛毛虫不能模拟树叶变化的鲜艳色彩，并且由
于伪装的消失，毛毛虫在食肉昆虫和鸟类面前清晰可见。
有些毛毛虫拥有第二套保护措施，要么散发出糟糕的味道，
并通过刺眼的颜色让捕食者对这种味道留下印象，要么在
夜间捕食者较少的时候出来觅食。但那些聪明的毛毛虫会在
秋季到来时把自己变成茧。

白桦尺蛾（*Biston betularia*）幼虫是一种生
活在桦树（左）和柳树（右）上的毛毛虫。

为什么绝大多数植物不在冬天开花？

　　如果要你说出一些你喜欢的花，你能想起的绝大多数都是春天和夏天前后开放的花。但是如果让你再努力想一想，你会发现你还能说出不少冬天开放的花，比如圣诞蔷薇（*Helleborus*）、雪花莲（*Galanthus*）、郁香忍冬（*Lonicera*）。当其他花园基本上空空如也时，这些花显得异常的引人注目。

冬天开花与夏天开花的利弊

　　相对而言，一些在冬季开花的物种拥有明显优势。风力授粉植物既能利用冬季气候的微风便利，也能利用落叶植物缺失了叶子的空间传授花粉。否则，那些花粉在抵达雌性花朵之前就可能在空中被落叶植物的树叶所拦截。

　　对于那些依赖昆虫授粉的植物，冬季开花可以避免竞争。如果在夏季开花，它们必须在花的气味和色彩上投入相当大的资源，以便同所有盛开的鲜花展开竞争。夏天开花的植物可能需要特殊传粉者才能完成授粉，而那些冬天开花的植物却不能过多地挑剔——任何一种昆虫来授粉都必须要接受，不管它是蜜蜂、甲虫还是苍蝇。冬天开花的植物必须要在比较凉爽且沉闷的春季使种子成熟，但是这能给种子发芽带来一点优势，因为这样它们能够抢在那些春季和夏季开花植物的种子成熟之前，早早就占据了生长的有利位置。

雪花莲的花期从秋季一直到早春。每一个品种都有其确定的花期。

　　虽然我们认为开花多是在春天和夏天才有的一种现象，但许多植物在冬天开花，其中的原因多种多样。

在黑暗中一棵树能存活多久？

我们可以从很多外部资源选择并获得食物，但是树必须利用光合作用才能生产自己的食物。这一过程需要光和水。光合作用在黑暗中是不能进行的，然而呼吸必须继续下去，否则树木就会死亡。当然，没有"食物"，树木最终会死亡，但这一过程相对缓慢。

饥饿还是口渴？

我们都知道，就缺水和饥饿而言，动物在缺水情况下能维持生命的时间比在饥饿情况下维持生命的时间短得多，其实植物也一样。水是须臾不可或缺的，而食品是长期的必需品。如果你将一棵落叶树放在暗处（这是假设的，因为据我们所知没人做过这种实验），它将把自己的营养物质运送到根部并迅速让叶子脱落，就像正在进入冬季的半休眠状态一样。树上部的硬木没有生命，但覆盖其上的外皮是有生命的，包括含有水分和输送营养的细胞，这些细胞在暗处对营养物的需求非常低。

在上部处于休眠状态时，树木会依靠根系生存。除了黑暗之外，如果这棵树还处在寒冷环境中，其根部的活跃程度也会降低，如此一来，树的潜在生存时间将会延长。由于大型树木储存的营养物质很多，因此即使在不能进行光合作用的情况下，这些

将一棵树总放在暗处是不能生产食物的，因此它最终将饿死。能坚持多长时间取决于它储存了多少糖，以及是否随时可获得水。

营养物质也能使它们生存若干年。但是，由于没有方法生产更多的"食物"，它们最终会死于"饥饿"。

光合作用

- 来自太阳的辐射能
- 氧气
- 树叶生产用于滋养这棵树的葡萄糖
- 二氧化碳

如果结冰，池塘里的青蛙怎么办？

　　在英国，青蛙是本地物种，它们对气候非常适应并在花园里扮演着一个重要角色——以昆虫为食，在这个过程中帮助控制花园里的害虫，同时自己也成了鸟和蛇的一道美食。在农村地区，露天池塘正变得越来越稀少，因此花园池塘是青蛙安家的理想场所，但问题是它们怎样度过寒冬呢？

青蛙的生活

　　欧洲林蛙（*Rana temporaria*）是英国最常见的一种蛙。在冬天，为保存能量，它们的新陈代谢放缓，但是它们仍需要一些氧气，也会在比较温暖的时期出来游泳。它们能否生存下去取决于所在的池塘是否足够深，如果池塘深度超过 45 厘米，结冰时一般不会深及池塘底部的淤泥，因此对青蛙没有影响。如果一个小而浅的池塘全部结冰，这会阻止氧气溶于水，有可能导致生活在池塘底部的青蛙窒

　　青蛙有时在陆地上过冬，如在木柴堆、岩石缝隙或一堆枯萎的树叶中冬眠。当它们确实要在水里过冬时，则会待在池塘底部的淤泥层里，那里仍然会有它们所需的氧气。

▶ 欧洲林蛙常见于英国和欧洲大部分地区。它们会在冬季放缓新陈代谢以节省能量。

超越池塘

在亚温带，青蛙要面对的挑战更多。在美国某些地方，严寒的冬季是常态，一些种类的陆生蛙如木蛙等，会找到一个安静的角落越冬，它们在那里会被冻结起来，到了春天解冻后依然如故。对大多数生物来说，这种情形是不可能的。每个动物的细胞内水分含量都很高，当水结冰时，体积增大，导致细胞破裂。不过，木蛙已经逐步适应了这种情况，它们不仅细胞壁特别有弹性，

木蛙
（*Lithobates sylvatica*）

足以忍受结冰的冲击，而且体内关键器官细胞的葡萄糖含量也异常高，这能让它们一点也不会结冰。在隆冬季节，木蛙可能会被完全冻住，它不呼吸，没有心跳，但是到了春天，它将融化冰层并再次奇迹般地苏醒过来。

息。这种情况在较深或较宽的池塘中不太可能发生。如果你有一个池塘，并且担心在漫长的寒冷季节青蛙是否安全，可用一盆热水将冰面融化出一个洞进行透气，一个星期一两次就行。这能保证有足够的氧气溶于寒冷的水中，完全可以满足青蛙那点不大的需求。

▼ 豹纹蛙（*Lithobates pipiens*）在池塘和溪流的底部冬眠，从而能度过加拿大和美国的寒冬。

在花园里

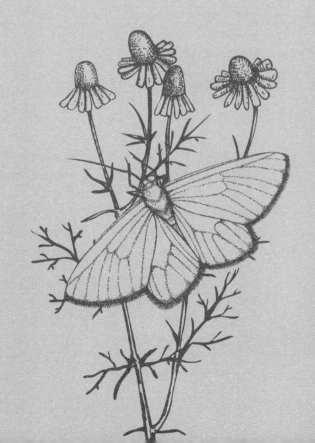

怎样避免蜘蛛进入房屋？

除非你是那 4% 患有蜘蛛恐惧症的人之一，最好的策略可能是学会同蜘蛛共享空间。它们是食物链上位于十分有价值地位的极好捕食者，既能清除所有的害虫，还能为鸟类和其他野生动物提供食物。

如果你对蜘蛛实在感到厌恶，就不要让蜘蛛进入用硅胶密封的房间。但是如果拒绝为这些非常有用的"社会成员"提供冬季所需的"膳食起居"，看上去则相当冷酷无情。

塔兰托狼蛛
（ *Lycosa tarantula* ）

即使你不害怕蜘蛛，在秋季，它们繁殖周期的高峰，你会发现蜘蛛的数量实在太多了。在气温下降时，相对密封良好的住宅，它们通常更喜欢进入有许多缝隙的棚式建筑物，可能会泛滥成灾。如果你不想花费大量时间在这些地方密封缝隙，请考虑一些传统驱虫剂。

民间认为蜘蛛既不能忍受松果的气味，也忍受不了核桃的气味。所以可在房间里摆放其中的一种，或者两者都摆上——这值得一试。更怪诞的，据说蜘蛛从不靠近蓝色，因此你可以给房屋改成天蓝色。实际上比较有依据的做法也许是用一些有强烈气味的油类，例如香茅油或者薄荷油，它肯定也能阻止蜘蛛的到访。然而这些措施并没有确切的科学依据，但是你可以试试，看看结果如何。

最后，安慰一下自己（如果你在澳大利亚没有读到这些，那就好），因为事实上多数英国的蜘蛛对人无害。而在澳大利亚，有毒蜘蛛经常伤人且后果严重。在澳大利亚和新西兰，你确实要好好密封你的房间。

什么时候花坛变成了长条形绿化带？

大多数人都认为花园就是花坛，即便是巴比伦时期的空中花园，据说甚至以"整齐排列在一起的植物"为特色，在古罗马时期，拥有别墅的富人以其栽培的植物为荣，花坛已经在花园中起着重要作用。花坛也已经清清楚楚地证明了其对时尚变迁的抵抗力。今天，它们在花园里绝对受欢迎。

用于种植植物的任何一块土地都可以称作花坛，而绿化带，顾名思义，是沿着某个物体边缘的狭长花坛，不管这个物体是一面墙、一条道路还是一个栅栏。

在大草原上播种

花坛没有过时的迹象，但是人们的种植习惯确实改变了。花坛和绿化带种植的植物逐渐成为能够自我维持的植物群落，它们不需要人们进行除草、浇灌、立桩和分片等繁重劳动。模拟一种天然多花的草原种植方式目前很流行。人们要在春天进行深度修剪，但在其他方面只需简单的维护管理，这是令人欣慰的。

虽然现代花园的花坛形式常常相当不固定，但在17世纪和18世纪，它们通常是花圃的一部分。这是一个正式布置的花坛，而且其形状有时是按照大体对称的模式精心设计的。从20世纪初开始，随着在草坪或者道路中设置花坛岛，花坛的样式就基本没有固定过。绿化带的传统形式源远流长，它通常位于一堵墙或一个篱笆的前面，理论上也会很宽，以更好地展示一年生和多年生草本植物丰富多彩的组合和不同盛开季节的景观。绿化带的长度纪录是在苏格兰德尔顿（Dirleton）城堡的样板绿化带创下的，当时测量的长度是215米，给人留下了深刻印象。

在花园长大的鸟类有多少？

很多花园里的鸟会产下一大窝鸟蛋，并且在好的年份，这些鸟一年可以下三窝甚至四窝蛋。基于这些数字，你也许会想象，我们的花园将会鸟满为患。那么为什么在新闻报道中经常听到多数鸣鸟的种类正在下降呢？

走向成年的艰苦路程

对于花园里的鸟，它们的窝通常为中到大型，例如黑鸫和画眉鸟所产的蛋为 3~5 枚，而很小的蓝山雀可以产蛋多达 12 枚，甚至 14 枚，但它们的死亡率也很高。首先，这些鸟蛋需要经过足够长的时间来孵化，而且许多捕食者对鸟巢很感兴趣。捕食者的范围从其他的鸟类（如松鸡或喜鹊）到像松鼠或者猫那样的哺乳动物。

一旦这些鸟蛋完成孵化，雏鸟的出现会使这个鸟巢比较吵闹，气味也会比较大，因此更难以隐藏。即使是当幼鸟最终离开巢穴，在它们具备良好的飞翔技能并能够躲避敌人，或者至少能躲避那些不会飞的敌人之前，这些幼鸟必须度过脆弱的初飞阶段，这会持续一两天到几个星期之久。

这些困难使得花园中的鸟类只有很小比例能活着长大，这种现象不足为奇。许多研究显示，从蛋到幼鸟阶段伤亡的比率非常高，据英国皇家鸟类保护学会（RSPB）的数据，黑鸫巢中产下的卵只有三分之二能撑到幼鸟羽毛丰满，而画眉鸟的命运就没那么好，只有三分之一的卵孵化后能够进入学飞的阶段。花园里的鸟类学飞阶段的死亡率目前还没有可靠数字，但是任何一个养猫的人都会确认，他们的宠物在幼鸟长出飞羽期间吃掉的幼鸟最多。

▲ 一窝鸟蛋的多少不一定能确定有多少鸟能长到成年。

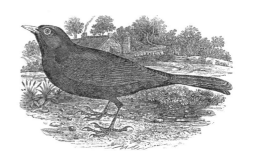

大多数雀形目鸟类（栖息燕雀亚目，是花园最常见到的物种，例如画眉鸟和山雀）在繁殖期会遇到各种各样的困难，因此，虽然它们可能会成功产下一大窝蛋，但是相对只有很少的雏鸟能长到成年。

▲ 画眉是花园鸟中繁殖能力最强的鸟：在多产的年景，一对繁殖期成鸟可以养育高达四窝雏鸟。

城镇还是乡村？

如果你想知道雀形目鸟类是否在林地或树篱等乡村地区养育它们的幼鸟会比在花园更成功，答案是不一定。不同种类的肉食动物在花园和在荒野的环境下都普遍存在。并且花园常常具有一个很大优势：在繁殖季节能量逐渐耗尽的时期，定期补充供应的小鸟餐桌是食物的重要来源，这对于既要养活自己，又要哺育一窝贪吃的雏鸟而压力巨大的鸟爸鸟妈来说，是很有帮助的。

鸟都死在什么地方了？

除了死在路旁，其他直接死亡的情况（如突然撞上一扇窗子）不多。从严格意义上讲，人们很少在地面上见到有鸟的尸体。那么，我们为什么看不到更多死去的鸟呢？

许多衰弱的个体在他们死掉之前，就被其他的鸟或动物发现并作为一顿不费力的美餐而猎杀了。出于相同的原因，生病的鸟经常会躲在树篱或大树下的灌木丛的深处"隐秘"地死去。这些鸟一旦死去，小鸟的尸体就成为腐肉爱好者如寒鸦或甲虫等的食物。

为什么蛞蝓只吃某些特定的植物而不吃其他的？

蛞蝓俗称鼻涕虫，是什么东西让它把一些植物坚定地摆在自己的美食菜单上，而对其他的植物却碰都不碰？比如说，随着一年天气或时节的变化，一些叶子是否需要满足蛞蝓对食物的品质要求，或者是蛞蝓确实在调整它的胃口？归根结底最重要的是，花园中到底有没有蛞蝓不吃的植物？

蛞蝓喜爱多种花园植物，但在它们名单中首选的是稚嫩、多汁、柔软和营养丰富的叶子，但要在这些叶子还没老的时候，或者还没长出化学防御之前。

打一场同蛞蝓的战争

通常，园丁最珍视的幼苗恰好是蛞蝓最喜爱的。有些植物有自己防御蛞蝓的办法，但人们往往也会提供帮助驱除这些黏滑捕食者的措施。

很多植物都会利用化学物质使自身的味道让蛞蝓倒胃口。这就是所谓的化学生态学，但是它在植物度过幼苗期之前通常发挥不了作用。土豆就是这样的一个例子：它的外皮含有一种被称作生物碱的高浓度有毒化学物质（大多数植物在某种程度上也含有），比起含有这种物质含量较低的植物，它受到蛞蝓的侵害要少得多。通常，如果有相对柔软的叶子可供咀嚼，蛞蝓也不喜欢多毛或者质地粗糙的叶子。

除了内生的化学防御措施外，鸟类是蛞蝓最大的天敌，因此如果在花园中特别安排一些食物和水吸引这些鸟儿来到花园。假设蛞蝓依然存在，这些鸟会回报你的善意，并降低蛞蝓的数量。

园丁可以通过在花盆中培植幼苗来避免其成为蛞蝓的食物。花盆是方便采取防御措施的地方，它是一个花园中的"安全"区（最好将它们放置在一小片纯砂的地方，或者放在一间温室里），仅在幼苗长得足够大且能够抵抗蛞蝓的啃咬时，再移出去栽培。

最后，可以将一些天然抑制剂喷洒到叶子上，大蒜或者氯化钙溶液都是有效的。氯化钙的味道非常苦，而且蛞蝓好像也不喜欢大蒜。然而，这些加水的混合物不同于植物自身分泌的化学物质，他们会被雨水冲走，因此雨后需要重新喷洒。

十种蛞蝓喜爱的植物及十种讨厌的植物

在你规划花园之前，记住下列植物很有意义，以免看到蛞蝓反复咀嚼你心爱的植物而伤心、痛苦。

蛞蝓喜爱的植物：

· 芹菜

· 玉簪花（*Hosta*）

· 莴苣

· 矮牵牛（*Petunia*）

· 红花菜豆

· 大丽花

· 郁金香

· 飞燕草

· 非洲菊（*Gerbera*）

· 豌豆

蛞蝓厌恶的植物：

· 虾蟆花
（*Acanthus mollis*）

· 柔毛羽衣草（*Alchemilla mollis*）

· 岩白菜（*Bergenia*）

· 荷包牡丹

· 毛地黄

· 倒挂金钟（*Fuchsia*）

· 天竺葵
（*Pelargonium*）

· 虎耳草
（*Saxifraga* × *urbium*）

· 旱金莲

· 毛蕊花
（*Verbascum*）

玉簪花

什么食物用来做堆肥最好？

你可能不会经常考虑这个问题，因为按照界定，最终成为堆肥的食物由厨余垃圾组成，没有人纯粹为了堆肥而购买食物。

即使堆肥的材料最有可能来自人类的厨余——蔬菜果皮，但如果不掺入大量的干草类物质，并混合均匀，会因其中的氮含量过于丰富而无法使用。堆肥的材料需干湿均衡，并经过破碎，而不是做沤肥的材料。

制作堆肥的其他方法

如果你不想破坏你的"主要"堆肥箱现有的平衡，也有几种可供选择的方式来保证不浪费掉你的剩饭剩菜。小一点的箱子特别适合用剩余饭菜做堆肥。这些小箱子虽然不能制作很多堆肥，但所制作的堆肥质量会很高。这种堆肥箱子可用几个坚固的防鼠箱子组成，且在底板上钻出网眼，使空气可在内部自由循环，因为不会发生厌氧（或者无需空气）分解过程，箱内物质腐烂的过程会很快且相对没有什么异味。该过程中任何液体的废物会通过网眼流入地下，交给土壤里的细菌来处理。

如果你不喜欢在厨房里永远放置一个堆肥桶，那么实际上你可以使用一个博卡西（Bokashi）堆肥箱，来保证你能够将少量废弃食品在屋内做成堆肥，且外人看不到，也闻不到气味。博卡西堆肥箱是密封的，并精心选择"供给"一些微生物和真菌，以高效而迅速地分解食物残渣。

在比较艰苦的年代，人们会剥去土豆皮并用皮培植植物。这些皮中保留了一些"芽眼"（芽），它们会长出新的植物。

尿液对植物有益吗？

许多有机园艺师在种植植物的过程中，希望感受可持续性的发展过程，直到出现必然的结果。他们用自己冲淡的尿液给植物浇水，并报告说效果很好。显然，在其农作物产品中一定是不会暴露出尿液残留的气味。但是，人类的尿液果真对植物生长有益吗？

出于健康原因，尽管来自一个身体健康、无任何疾病的人的尿液没有像大肠杆菌这样的有害细菌，但也不推荐在花园里使用人类粪便。

在大规模实际应用中，农民经常选择使用这种简单、低成本的肥料，他们积累的经验也是正面的，它会带来好的收成并使土地肥沃。不过，国际社会在研究更广泛的收集和使用尿液的方法上并没有过高的热情：目前有尿液分离卫生间的技术，但是它们经常不能满足官方建筑规范或者卫生法规的要求。这很遗憾。在瑞典，这

尿液包含氮、磷和钾。据报告，一个成年人一次的尿量含有 11 克氮、1 克磷和 2.5 克钾。这使它成为一种均衡、高效的高级肥料。

种卫生间比很多其他国家更普遍，通常每人有三立方米的储罐，并且在春天到来时，储存的尿液会全部倒到农田里给庄稼施肥。

我可以往堆肥上撒尿吗？

往堆肥上小便好处很多。额外增加的氮能提升木质、富含碳的物质以及钾的分解速度，最起码，磷会提高堆肥最终的营养含量。在堆肥中现有的微生物会使尿液迅速无害化。不过，如果堆肥变得潮湿，就需要额外增加稻草，以保持堆肥成分的均衡和堆肥过程的高产。

为什么草地会长苔藓？

苔藓非常适合在阴暗潮湿的地方生长。并且，粗壮、厚实的小草会遮蔽苔藓，并吸走土壤中的水分来抑制苔藓的生长，如果这时某块草坪被踩踏，土壤被踩实，结果就会为苔藓提供一个友好的生存环境，它可以抓住机会击败小草并取而代之。

要想茁壮成长，苔藓和草地需要不同环境。如果天气潮湿且草地长得很茂密，结果会导致苔藓变成这块草坪巨大的竞争者。

许多园丁长期与苔藓战斗，特别是那些热衷于将草坪打造成光滑、碧翠的绿地的园艺大师们。他们的措施包括用钉齿刺穿草坪以增加土壤的透气性（其过程就是，要么用实心的钉齿在土壤上穿很多个洞，要么用空心的钉齿取出一段细小的土壤芯），并给草施肥促使它战胜对手。另外，由于苔藓比较喜欢酸性土壤，因此，如果给草坪额外增加一些石灰，提高草坪的 pH 值，也能促进草的生长。

▼ 相对其他植物来说，在排水严重不畅和过于阴暗的地方，苔藓是覆盖土壤的自然选择。

如果战胜不了它们……

苔藓通过孢子繁殖，并可把孢子传播出去，只要有适合的条件，苔藓就会定植并开始生长。许多潮湿气候下的花园都会有阴凉的地方，在那里为草创造有利的生长环境是不切实际的或者根本不可能的。如果存在这种情况，园丁最好承认失败，并且干脆以苔藓代替草并使之成为一块"草坪"。这就是说要采用反转战术：在一块苔藓"草坪上"，草便是"杂草"，要用

金发藓（*Polytrichum commune*）分布广泛，拥有迷人、靓丽的绿色叶子。

靶向除草剂（苔藓本身不受大多数除草剂的影响）进行控制。

而且，在不需要施肥或修剪的情况下，一块苔藓草坪必须要保持潮湿状态以使其茂盛。苔藓也无法承受踩踏，因此一块成功的苔藓草坪应该留有一条踏脚石的路径，以便可以在上面行走而不会将其踩坏。

苔藓：伟大的生存者

苔藓是一种植物，但是它既没有根又没有用于传导水分的内部导管。这表明大多数苔藓品种一般都生活在一种潮湿的环境里，并且需要水进行繁殖。尽管有这些限制，苔藓极其擅长在土壤很少的地方（例如屋顶上）和光线极少的地方（例如在被遮蔽的林地）形成适合自己的生长环境，这些地方对生根植物来说是难以生长的。因此，苔藓能够"绿化"最没有希望的环境，在花园多样性中发挥着重要作用。虽然它在连续超长的干旱季节会干透并且看起来十分的凄惨，变成棕色，但当雨季返回，它会快速吸收水分，在仅仅几个小时内恢复生机。干泥炭藓，因为它在液体里的吸收量高达其自身体积的 20 倍，即使它是一种相对比较粗糙的材料，在第一次世界大战期间也广泛用作给伤员包扎伤口的敷料。

小的红色泥炭苔藓
（*Sphagnum capillifolium*）

蛞蝓和蜗牛的区别在什么地方？

蛞蝓和蜗牛有许多相似之处：二者都是软体动物，属于贝类水生生物群，并且都仅在湿润、潮湿的环境下生存。而且在几乎所有的花园里，两者数量都很多，有时特别多。通常，它们在花园里不受欢迎。不过，它们的生存方式大不相同。

蛞蝓和蜗牛的日常生活

在炎热的天气里，蜗牛通常会找一个隐藏的角落，并躲藏在它们的壳里以避免被晒干；而蛞蝓则会聪明地悄悄潜入地下，蜷缩在土壤里。这就是为什么一般在白天，花园见到的蜗牛要比蛞蝓多得多的原因。在日落后用手电筒一照，你将发现蛞蝓已经从它们的地下避难所出来了，并且与蜗牛的数量一样多。

蜗牛和蛞蝓明显可见的差别是蜗牛有一个壳，而蛞蝓没有。蜗牛的壳被当作一个自带的庇护所，而蛞蝓必须要找到它自己的保护地，这使得蛞蝓要在地下度过相当长的时间。

虽然蜗牛喜欢待在潮湿和有遮蔽的地方，避免被太阳晒到，但是在阴雨天气里它们会快速占据优势位置，爬到很高的地方——比如说，常常会在很高且它们爱吃的植物尖上找到它们。

蛞蝓和蜗牛都会使用黏液以避免被吃掉。它们能够渗出黏液的量很大，而且都会让它们的敌人倒胃口。

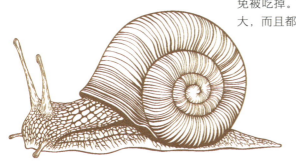

解剖蛞蝓

乍一看，蛞蝓可能没有具体的形状，但是对蛞蝓的解剖却很复杂，出乎人们的意料。

头部有两对伸缩触须，其中一对作为蛞蝓的"眼睛"，另一对是它的"鼻子"。它的嘴唇相当厚，在蛞蝓吃东西的时候，嘴唇收进去；嘴里面是齿舌，一个像舌头一样的器官上覆盖着一排排的牙齿。这些牙齿非常粗糙，在吃东西的时候可以锉掉叶子的表面。嘴的后面是一个黏液腺，渗出的黏液能帮助蛞蝓向前滑动。

套膜由比蛞蝓身体其他部分厚的外皮组成。它还包括蛞蝓用于呼吸的孔——呼吸孔，位于套膜的正上方，它开启和关闭时可让空气进入和排出。像人一样，蛞蝓有一个类似膈膜的组织，是位于呼吸孔基础上的一个肌层，帮助吸入和排出空气。如果遇到危险或感到威胁，蛞蝓能将身体的其余部分收缩到套膜的保护之下。就蜗牛而言，它的套膜被自身的壳所覆盖。

躯干位于套膜之下，包含蛞蝓大多数器官：心脏、一个肾脏（蛞蝓仅有一个），以及消化器官和生殖系统。蛞蝓是雌雄同体，当想要交配时，它们彼此互相缠绕在一起，并通过突出的生殖器交换精液。

"足"实际上组成了蛞蝓的整个下部，几乎完全由肌肉构成；当足收缩和放松时，可推动蛞蝓前行。蛞蝓只能朝一个方向移动，蛞蝓没有"倒挡"。

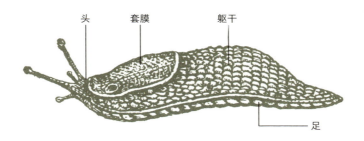

头　　　套膜　　　躯干

足

冬天蜜蜂都去哪了？

这完全取决于蜜蜂的类型。在一个普通的夏天，平均有六至十种不同类型的蜜蜂会光顾每一个英国花园。它们通常是共同生活在蜂巢中的蜜蜂；此外还有大黄蜂，他们一般聚集成小的蜂群；以及独居蜂，顾名思义，它们独来独往。

熬过寒冬季节

蜜蜂在冬天仍需要食物，它们一般食用自己储备的蜂蜜，如果养蜂人已经取走了它们的蜂蜜，它们将依靠养蜂人留下的蜂糖或糖水以获得营养。在寒冷的天气里，成群的蜜蜂会振动他们的翅肌取暖。

相比之下，大黄蜂生活在地下的蜂巢里，基本上通过不育的雌性工蜂生活。当冬天来临时，负责繁殖的雌性蜂王和雄蜂会被孵化出来，不久之

在冬天，蜜蜂会待在蜂巢里，在那里它们群居取暖。大黄蜂的母蜂分别单独躲避在地下，同时独居蜂为自己寻找庇护所，它们躲藏在那里直到温暖的气温再现。

后它们便离开蜂巢进行交尾。随着夏季结束，被遗弃蜂群中的不育雌蜂将会死去。母蜂在离开蜂巢之后不久将受精，在此之后，雄蜂也会死去。这些蜂王受精后会得到很好的养料，以便在整个冬天养育蜂卵。它们在地下不同的隐蔽处单独过冬，直到春天到来。

独居蜂没有能照料它们的蜂群，也没有蜂巢。这些高效的小传粉者在防空洞或者隧道里等待冬天过去，待到春天天气温暖之际，开始新的觅食和繁殖。

西方蜜蜂
（*Apis mellifera*）

草坪一定要用草吗？

当我们听到"草坪"这个词时，首先想到的便是草地。草地是为比赛或娱乐活动提供服务的特殊地面，或者是简单提供休闲漫步的场所。现在，一块块草地已经进化到能够承受食草动物的啃食程度，这使得维护、保养相对容易（当然，一块"草地保龄球"场地需要专心养护的光滑草坪，其实也很难打理）。

两项传统选择

至少近四个世纪以来，果香菊草坪是欧洲大西洋沿岸热衷的选择。果香菊（*Chamaemelum nobile*）是矮生常绿多年生植物。它有一种艳丽的深绿色，一旦被压碎就会散发出芬芳的气味，但是它不耐用，如果要经常从它上面穿过就需要铺上垫脚石。这种植物中有一种低矮、无花的栽培品种"Treneague"最适合铺设草坪。

三叶草草坪生长特别容易，因为许多三叶草（*Trifolium*）有一种天生匍匐生长的习性，对放牧和刈割有抵御能力。三叶草有一个很大的优势，就是自生能力比较强，它能吸收空气中的氮，因此，只需要少量的磷和钾肥即可。对它而言，一个主要的不利因素是，某些害虫和疾病可能让

草不是能做草坪的唯一植物，一些其他品种的矮生植物经过挤压也能担当此任。但是这种替换方案，虽然漂亮，但通常不能像草坪那样能耐寒。

土壤患上"三叶草病"，从而导致三叶草不能很好地生长。

由于草坪缺乏生物多样性，且在施肥、刈割和浇水方面存在较高的环保成本，近来也受到反对声音的攻击。将来，园丁可以有一个选择：将不同类型的矮生植物进行混合种植，形成混合植物群落，这种植物群落不需要很多打理，能促进生物多样性，还能吸引野生动植物。

◀ 矮生百里香，例如铺地百里香（*Thymus serpylium*），可以形成迷人、芳香、开花的草坪。

鸟儿最喜欢的食物是什么？

　　鸟儿最喜欢什么食物？噢，你可能会想到，这取决于是什么鸟。英国鸟类学信托基金会（British Trust for Ornithology）已经做了一些研究。研究表明为迎合鸟类的不同需求，提供一定范围的食物是十分重要的，而且这些需求随季节的变化而变化。

一切由喙决定

　　蓝山雀有一个细而短的喙，用来啄食昆虫堪称完美；而麻雀有一个短而宽的喙，适于挑选出种子和谷粒，并将其破开以获得内仁。另外，椋鸟对吃的东西特别能适应，而且他们的嘴动起来像是装了弹簧。当土壤又软又潮时，它们把喙扎进土壤里，张开嘴时将地面打开一个洞，然后从这个洞窥视土壤里有没有能够捕获的蠕虫或是蛆之类的食物。在冬天，当土地变硬，用喙挖洞的方法变得不实用时，椋鸟的食物便转向浆果、坚果和谷类。

　　野生花园鸟的食物范围很广（我们在这里谈论的不是鸸鹋或者兀鹫）。它们多数对食物算不上太挑剔，但是通过喙的形状你能从中发现它们最适合吃的食物的一些线索。

款待鸟类美食家

　　考虑到这些因素，鸟儿能在它们的餐桌上找到范围很广的可口食品，这一点也不令人惊奇。你可为鸟儿提供的食物包括向日葵籽（比有硬壳的向日葵种子更容易吃到，而且富含油脂和蛋白质）、粉虫（面粉中甲虫的幼虫，可提供干燥的或刚从宠物商店买的新鲜的）或者鸟食球（一种美味的脂肪和种子的混合物，几乎没有鸟儿能经得住这个诱惑）。

家麻雀
（*Passer domesticus*）

如何制作鸟食球

按照需要把这些食物做好（最好是新鲜的），然后你就可以期待迎接各式各样的鸟类访客光顾你的花园。

你需要：

· 将下列任何一种或全部的干货混合：无盐的花生碎、草籽、干果、干粉虫（宠物店有售）、牛奶什锦、生燕麦片、向日葵籽、核桃仁

· 猪油或牛羊板油

· 空的塑料杯或酸奶罐（用壁薄一点的）

· 细线

1. 准备两个塑料杯或者罐，在底部扎个小洞，小洞要足够小以便能卡紧一段细线。

2. 把细线剪成1米长左右，将线的一端从罐底部的小孔穿出去，并在外面将线扎紧。

3. 拿一口平底锅，用低温将猪油或牛羊板油化开。

4. 将盛有油的平底锅从火上移开，然后将干的原料在锅里混合。油要足够多以使干的原料能黏结成块。

5. 把这些混合好的硬块压入罐子里，注意将细线留在其中，然后放进冰箱让其凝固。

6. 当这个混合物硬化以后，切开或者撕开装有鸟食球的塑料罐，并把鸟食球拉出来。

7. 用鸟食球上的细线把它们悬挂在花园中。

还要确保在附近有水源，以便鸟儿在吃食的时候还能有水喝。

花生

干粉虫幼虫

为什么我的堆肥会变热？

温热的堆肥堆是状态良好的堆肥堆：热量会带来较好的堆肥，它会加快堆肥的速度。木质材料在分解过程中会释放能量，就像木头在火里燃烧一样，虽然这种"燃烧"发生得很缓慢，而且是化学变化——它起因于微生物渗出的酶，而不是直接燃烧的结果。

当微生物在堆肥过程中开始对富含碳的有机物质实施作用时，它们会产生热量。尽管自然氧化过程看起来很温和，但是它能将内部的温度提升很多。

幸运的是，堆肥堆通常不会热到能燃烧并冒出火苗的程度。堆肥堆原材料中不同配料的恰当比例对保证它们快速发酵十分关键。稻草和落叶都能在肥堆堆或者堆肥箱里正常地发酵，但应该避免太多的木质材料。

堆肥混合物需要一些水分和一些氮一同工作；配料成分之间的最佳比例一般应该是1份氮配比20或者30份碳（干草中的成分一般具有这个比例。所以它们总是堆肥最好的添加物，但是稻草中的碳氮比大约是80：1，而剪草过程中收集的草料碳氮比约为19：1）。形成最好堆肥的混合原料中，任何单种成分不要过高，如果能够将各种原料同时放入堆肥堆或者堆肥箱也是有意义的，这将有利于保持热量。如果堆肥看上去"进展"得非常缓慢，你可以挖出堆肥或者清空堆肥箱，将其彻底混合后再放回去。

堆肥过程中的菌类

在堆肥箱中，不同的细菌和微生物会在不同时间发挥作用。当堆肥还比较凉的时候，与你花园中相同的细菌和真菌在使堆肥腐烂，不过，随着温度的上升，适温菌（能在21~32℃发挥作用的细菌）将取而代之，如果温度继续上升，喜温菌（在40~90℃活跃）将激增并开始活动。

制作一个温床

　　在加热温室普遍应用之前，维多利亚女王时代的园丁们已经在使用由温床带来的自然热量来种植黄瓜、莴苣和水萝卜等蔬菜，使其成熟时间提前，有时也用于促进瓜类等比较娇嫩的作物生长。

香瓜
(*Cucumis melo*)

　　如果想自己试验一下温床，你就需要一个暖罩和一块比暖罩稍微大一点的空地。温床的基础要有 1 米高，由混合的稻草、收集的叶子和粪肥构成。
一旦安排就位，温床的腐败过程（起初，它会有强烈的氨气气味，但很快它就会稳定下来进入热发酵状态，闻起来味道比较令人愉快）就开始了。腐烂后，仅能闻到"泥土的芳香"而不是难闻的臭味时，在温床之上添加 30 厘米层的土壤。这就是种植层，在上面播种你想要种的植物种子或幼苗，然后把暖罩罩在上面。如果选择了合适的作物，在土壤下的自然温床将会保证作物迅速健康成长。

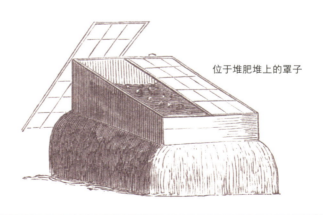

位于堆肥堆上的罩子

啤酒真能除掉蛞蝓吗？

蛞蝓喜爱啤酒，不是因为它们喜欢酒精，不含酒精的啤酒同样对蛞蝓有强烈的吸引力，这是因为酵母和糖类发酵的气味和味道在吸引它们。另外，它们对水果发酵的气味和味道也有强烈的兴趣。

用啤酒作陷阱

啤酒陷阱利用了蛞蝓对黑暗、潮湿的庇护所和发酵物质的天然需求，你可以自己制作，也可以购买制成品。这种装置似乎没有任何特别有效的设计方案，它们都是按照同样的原理发挥作用，即通过引诱蛞蝓进入底部存有一些啤酒的容器中，在这个容器中蛞蝓无法逃脱，最终都会淹死在里面。理论上，如果你在花园里设置了足够多的陷阱，蛞蝓的数量将会被有效地降低，你的花园会因此而受益。但是，实际上这种结果始终没有出现，目前原因还不清楚。你可以使用啤酒陷阱来测试花园蛞蝓泛滥到何种程度，如果它比你担心的情况还要糟，你可以采取更具杀伤力的控制手段，例如在你的土壤里放入寄生线虫。

啤酒似乎不会对蛞蝓造成任何伤害，因此作为一种控制措施，它不太有用。不过，可以将它放在蛞蝓陷阱中，这既能除掉蛞蝓，又可保证蛞蝓相对无痛苦地死去。

蛞蝓对喝啤酒有偏爱吗？

美国的一项实验研究发现，蛞蝓对一些啤酒的喜欢程度好像比其他啤酒要差。百威啤酒相对其他品牌的啤酒来说对蛞蝓的吸引力明显要差一些。或许，在不同的啤酒中，所含的发酵相关的化学物质之间的区别比较大。如果一个简单的蛞蝓陷阱让你感觉太无聊，那就试一试不同啤酒在诱捕蛞蝓方面的效果吧。

如何判断池塘的水是否"健康"?

天然形成的池塘应该是健康的，并处于良好的平衡状态，除非它们已经被污染或者水体处于富养状态。水面上的风会增加水中的氧气含量，而含氧的水将支持自我维持的生态系统，保持水的健康。相对来说，人工修建的池塘则容易受到人为问题的影响。

有问题水体的症状

如果花园池塘里的鱼快要死了，这一般是水的问题而非鱼的问题。如果一个池塘不够深，它会对鱼构成压力，但是怎样才能保持水质对鱼是友好的呢，一套试验分析工具或者一位专业的池塘顾问应该能对此提出建议。

池塘中的藻类或者浮萍过多是另一个水质变差的迹象。补救的措施包括：降低鱼的数量、培植更多水面植物对藻类形成"遮蔽"、避免在靠近池塘边缘的地方使用肥料。同时，这种情况也表明池塘太浅了。后一个问题解决起来没那么容易。池塘往往由以前的人按照设定的深度挖的。如果问题仍然出现，就应该考虑一下调整设计，把池塘加深。

在一年中的特定时期，池塘可能看起来毫无生气。这可能是季节性的原因，例如池塘在冬天经常显得黑

如果池塘里的藻类或浮萍过多，表明池塘水的状态不健康。如果一直出现死鱼，是水体不健康的另一个表现。通常，总体上较低的生物活性是对水体的一个警示标志。

暗和死气沉沉，但这也可能是池塘出了问题的一个迹象。过量腐烂的树叶会使池塘变得死气沉沉的（这时得把它们打捞一些出去）。没有阳光也不利于池塘中生物的生长，在背阴处修建池塘也会在相当程度上降低生物的活性。

▶ 矮生睡莲
（*Nymphaea candida*）能在桶、盆以及池塘里茂盛生长。在这些地方，它能遮挡难看的藻类。

怎样吸引蝴蝶？

蝴蝶是深受欢迎的花园访客，它们四处游动，不断寻找可食用植物，在其上产卵。为此，它们需要大量的"航空燃料"，即含糖的花蜜。蝴蝶友好型花园并不难实现：研究一下蝴蝶喜欢的植物，然后你基本上就会有好的结果。

这并不全是植物的魔力。我们视作野草的植物有时对蝴蝶却会产生很强的吸引力。如果你有一片不大会被杂草侵犯的阴凉角落，你也许可以考虑一下栽培一片荨麻（*Urtica dioca*）。它们对几种蝴蝶有很强的吸引力，包括孔雀蛱蝶、大西洋赤蛱蝶、黄钩蛱蝶和小龟甲蝶等。同时，冬青小灰蝶以常春藤属植物（*Hedera*）为食。

蝴蝶的缺点

当蝴蝶或者蛾卵孵化出毛毛虫时，会对他们的宿主植物产生严重损害。有迁徙特性的小苎麻赤蛱蝶就有这方面的行为，在返回非洲北部之前的几年时间年里，它们会对蜡菊属植物造成破坏。但是，这些伤害很少是致命的，理论上蝴蝶的这种行为应该得到宽容。在过去的 40 年里，蝴蝶和蛾的数量已经下降了大约 75%，并且这些美丽而重要的生物需要得到所有能得到的帮助。

出于同样的保护原因，永远不要向正在开花的植物上喷洒杀虫剂，即使是可能会飘落到附近正开花的植物上面，也不要进行这样的喷洒作业，包括向杂草喷洒杀虫剂。这些杀虫剂对蝴蝶是致命的。

吸引蝴蝶最好的方法是大范围种植富含花蜜的植物。不同种类的植物长出不同的花，因此提供的选择越广泛，不同蝴蝶出现的机会就会越多。

醉鱼草
（*Buddleja davidii*）

蝴蝶的最爱

蝴蝶最心仪的 13 种植物：

· 黑莓（*Rubus fruticosus*）

· 醉鱼草（*Buddleja davidii*）

· 大丽花（*Dahlia*）

· 留兰香（*Mentha spicata*）

· 一枝黄（*Solidago*）

· 帚石南（*Calluna vulgaris*）

· 石南花（一种石南属植物，
  Erica，*Daboecia cantabrica*）

· 冰叶日中花（*Hylotelephium
  spectabile*）

· 薰衣草（*Lavandula*）

· 大星芹（*Astrantia major*）

· 墨西哥海索草（*Agastache
  foeniculum*）

· 百里香（*Thymus*）

· 紫顶草（*Verbena bonariensis*）

　小贴士：对于不喜欢除草且懒惰的园丁，他尽可选择种植蝴蝶喜欢的富含花蜜的蒲公英（*Taraxacum officinale*）。

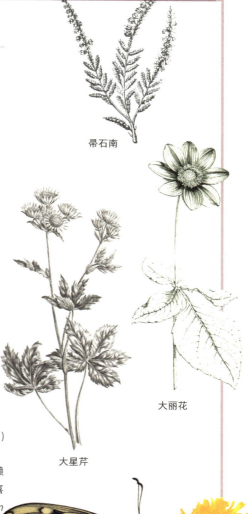

帚石南

大丽花

大星芹

金凤蝶（*Papilio machaon*）
落在一株蒲公英上

蛞蝓要用多久才会重新回到我的花园？

蛞蝓很难追踪，它们往往在夜里活动，而且经常在地下，而且很难分辨蛞蝓哪个是哪个。所以，一条蛞蝓从它家的地上跑出去 20 米远（或者考虑到园丁们对蛞蝓的感受，假定它是被用力甩出去的），它是否能爬回来，这是个难以回答的问题。

尽管将蛞蝓作为研究课题有困难，但天才的科学家用抓获的蛞蝓进行研究，发现它们每个晚上能移动 4~12 米，这取决于它们饥饿的程度和旅行时地面的状况。

蛞蝓和蜗牛比，相当于乌龟和野兔比吗？

蛞蝓比蜗牛要慢得多。在试验中发现，蜗牛移动的速度至少比蛞蝓快两倍（这或许是为什么在英文中，我们说行动迟缓用 "sluggish"，即 "蛞蝓般的"，而不是 "snailish"，即 "蜗牛般的"）。这或多或少已经说明了蛞蝓移动速度的问题，接下来还要看一下它们是否真的想要回到自己出发的地方。

蛞蝓还没有建立起与特定领地相关的任何联系（相反，虽然不是所有的，但很多蜗牛似乎经常拥有一种回家的天然本能），因此，即使它们能回来，也不可能是有意为之。不过，它们确实好像喜欢沿着其他软体动物留下的黏液路径爬行，这表明它们会返回到有许多其他蛞蝓生活的地方，因为那里可能有适宜生存的条件。

◀ 蛞蝓善于变换身体的颜色，鉴别其种类时需要用显微镜对它们的生殖器官进行详细检查。

红纹小蚯蚓味道很差吗？

可能大家都曾见过画眉和知更鸟在花园里津津有味地吃蚯蚓，那么，为什么如果有足够多的红纹小蚯蚓（一种细长、红色的蠕虫，主要用于堆肥箱和蠕虫养殖箱），鸟儿的餐桌上就会剩下一些，难道是这些鸟儿瞧不上它们吗？

自卫

即使红纹小蚯蚓（*Eisenia foetida*）的拉丁名字的意思暗示它们闻起来很差，由于制作堆肥的原料既柔软又松散，而且容易被鸟类和其他食肉动物挖掘，因此居住于堆肥中的蠕虫需要一种自卫手段，很差的味道就是很有用的手段。但是在草皮底下或者裸露的土壤里有很多金龟甲虫幼虫、蚯蚓、大蚊幼虫和金针虫等，足以吸

在缺乏口味测试的情况下，很难说红纹小蚯蚓是否味道很差。众所周知，如果它们被粗暴地对待，会分泌一种有恶臭的液体，这或许是一种防御机制，似乎可能是鸟儿不喜欢它们的原因。

引鸟类和像獾这样的动物去这些地方寻找食物，因此鸟类通常不会去搅动堆肥堆。个中原因一定是红纹小蚯蚓不太好吃，不值得为此费力。

让红纹小蚯蚓变成美味

红纹小蚯蚓被当作鸡、猪和其他家畜的富含蛋白质的饲料，不过需要进行加工处理：清洗、煮沸、烘干和磨粉——大概这个过程已经除去了任何不好的味道。将红纹小蚯蚓变成野生鸟类的美味食物，所有的工作可能就是将红纹蚯蚓好好地洗一洗。如果堆肥箱或者蠕虫养殖箱中有多余的红纹小蚯蚓需要处理，这个方法可能值得一试。

我的果树确实需要剪枝吗？

　　即便是没有进行任何修剪，所有的树都会自然地开花结果，果树的主人也会拿到收成。不过，缺乏剪枝和其他一般性维护会导致果树的收成参差不齐，粗心的修剪也会导致果树减产或产量不稳定。

在野外生长的树木

　　如果树木未经人工栽培，而是在荒野环境下自然生长，则它们结出果实的模式会是多种多样的，其中肯定包括不受果农赏识的一些模式：比如某一年是收获大（丰）年，随后的一年是小（歉）年；树冠倾向于长得很高（形成树荫挡住竞争植物）；以及产出大量非常小的果实，而不是数量少而个体大的果实。

　　在人工栽培环境下，果树可以保留一些野生环境下的特性，部分原因是与小型植物相比，它们生长得非常慢。一棵果树往往需要 25 年才能进行测量和挑选，培育合适的杂交品种，再需要另外 25 年来评估这些杂交品种的价值。自始至终，果树在习性上并没有远离他们的野生亲缘。

　　剪枝的作用在于防止果树产生无效的过剩生长。一旦对树木进行培育了，就要保护它免于与其他植物进行竞争，并保证它能够繁殖，这个责任应该落在种植者身上，而非果树自身。要想让果树结出最好的果实，剪枝几乎总是需要的。

　　考虑剪枝肯定有其意义，这样会把树的能量引导到有规律的高产上，但这也是果树栽培技能中令没有经验的人十分紧张的一项内容。

　　除最细小的嫩芽之外，在切掉其他所有的枝杈时，职业园丁喜欢用修剪锯在狭小的空间、费最小的力气干净利落地进行修剪。

良好的修剪方法

对于大的果树，通过每年锯掉一部分老枝杈以保持通风透光和多产，这样就保证了对强壮枝条稳定、通畅的能量供应。作为回报，它们将在充足的阳光照耀下结出成熟的、大个头的水果，并具备最好的色泽和味道。

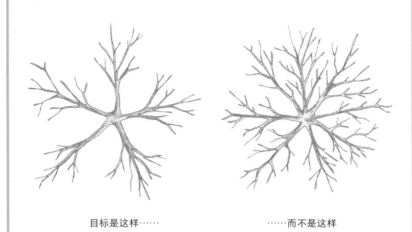

目标是这样……　　　　　　　　　　　……而不是这样

当树冠需要缩小时，通常是在夏天进行剪枝。通过剪掉那些消耗树木资源的粗壮新生枝芽以控制树木的生长。夏天剪枝也能防止果树生长过多的枝叶，促进花蕾的生长。另外，通过在春季剪去一些花枝可以阻止果树过度开花，如此避免出现在丰年后紧接着就是歉年的大小年交替循环现象。

苹果（Malus）和梨（Pyrus）通常在剪枝上的工作相对比较艰苦，因为像这种消耗资源的大型水果的生长过程对果树消耗过大，需修剪的枝条多一些。果实小一点的果树，例如樱桃和李子（Prunus）一般只需要进行轻微的修剪。

锈会扩散吗？

如果你打理花园的铁制工具在冬天储藏之前没有经过仔细清洁并上油，你可能会发现当春天再次把它们拿出来时，它们已经生锈了。不仅如此，如果一件工具生锈，好像能传给了其他所有工具。

尽管看上去能传播，其实锈是不传播的。它是一个化学反应，而不是一种生物学上的传染。不过，一堆在潮湿环境下的铁器生锈时，其方式经常很容易被错误地认为是一次生锈的爆发。

生锈是铁在有水的情况下与氧气发生的一个化学反应。结果是形成红色粉末状水化氧化铁沉淀物。生锈会迅速毁坏工具，随着锈面的扩大并开始呈片状脱落，进而腐蚀铁。纯铁是不会生锈的，但不纯的铁或铁合金很容易生锈。其他金属，如铝、铜，氧化后会形成一个硬质氧化层，它能保护其覆盖下的金属。同时，不锈钢是防锈的，它也是一种铁合金，但是它有一个缺点，就是不如其他钢材坚硬。

如何避免生锈

大多数现代的花园工具都由不锈钢制成并经过了电镀（即镀锌，锌是一种不生锈的金属）或塑料涂敷，因此生锈不是一个大问题。由铁或钢制成的工具在使用后要进行清洁并弄干，然后存放在通风良好的地方。如果环境是潮湿的，喷上一层矿物油可以起到防水作用并保护金属，同时也可以采取一些其他防护措施。如果镀锌或者塑料涂覆表面损坏了，可以重新刷上富含锌的涂料，防止进一步恶化。重新刷上其他能防止生锈的涂料也可以。

为什么害虫总是吃我特别喜爱的植物，却忽视杂草的存在？

令人沮丧的是，你已经有一两周没有好好的除草了，你的花园里来了大量你无法对付的那种"访问"植物，例如蒲公英和繁缕（*Stellaria media*）。但是当你出去检查自己的花坛时，你那些用来展示的大丽花已经被害虫咬成了碎片。为什么本地的这些害虫不去咬那些蒲公英呢？

战胜抗病性

是什么原因使杂草对害虫有如此强的抵抗力，这是很多科学实验的研究课题。人们对环境和健康的关注使得除草剂正变得越来越不可接受，而且，如果不能使用除草剂，一个可能的解决办法是采用生物学控制方法。这种方法的实质就是让不受欢迎的植物感染上某种疾病或者被某种害虫吃掉，实施的难点在于要战胜杂草对天敌的抵抗力。

根据定义，杂草已经逐步进化到能适应花园中各种不利的条件，其中包括抵御害虫和疾病侵害的能力。这就是为什么它们被称作杂草。

外来杂草和异常的敌人

最有前途的成果来自对"外来"植物的试验，即在它们远离其故土的天敌许多代之后，已经降低了的抵抗力。例如，日本虎杖是一种臭名昭著的杂草，它们在当地受自然存在的害虫和疾病抑制，但是在缺少抑制因素的新环境下，会疯狂生长。然而，若干年后从其故土环境重新引入某种害虫，这些在新环境下生长的日本虎杖就会再次变得脆弱并彻底屈服，因为它已经失去了自己的天然抵抗力。

延伸阅读

书籍

Botany for Gardeners
Brian Capon
Timber Press, 2010

RHS Botany for Gardeners:
The Art and Science of Gardening Explained &
Explored
Geoff Hodge
RHS and Mitchell Beazley, 2013

The Chemistry of Plants: Perfumes, Pigments
and Poisons
Margareta Sequin
Royal Society of Chemistry, 2012

Climate and Weather
John Kington, Collins, 2010

Earthworm Biology (Studies in Biology)
John A. Wallwork,
Hodder Arnold, 1983

Hartmann & Kester's Plant Propagation:
Principles and Practices
Fred T. Davies, Robert Geneve,
Hudson T. Hartmann and Dale E. Kester Pearson,
2013

Insect Natural History
A. D Imms Bloomsbury/Collins, 1990

Life in the Soil: A Guide for Naturalists and
Gardeners
James B. Nardi
University of Chicago Press, 2007

The Life of a Leaf
Steven Vogel
University of Chicago Press, 2013

The Living Garden
Edward J. Salisbury
G. Bell & Sons, 1943

Mushrooms
Roger Phillips
Macmillan, 2006

Nature in Towns and Cities
David Goole
William Collins, 2014

Nature's Palette:
The Science of Plant Color
David Lee
University of Chicago Press, 2008

Plant Pests
David V. Alford
Collins, 2011

The Secret Life of Trees: How They Live and Why
They Matter
Colin Tudge
Penguin Books, 2006

Science and the Garden: The Scientific Basis of
Horticultural Practice
Peter J. Gregory, David S. Ingram
and Daphne Vince-Prue (Eds.) Wiley-Blackwell,
2016

Trees: Their Natural History
Peter A. Thomas
Cambridge University Press, 2014

Weeds & Aliens
Edward J. Salisbury
Collins, 1961

期刊与文章

DVD

'The formation of vegetable mould, through the action of worms, with observations on their habits'
Charles Darwin, 1890
https://archive.org/details/
formationofveget01darw（Accessed 15 May 2016）

PLOS Biology
http://journals.plos.org/plosbiology/ Open access scientific journal.

Rogers Mushrooms
Roger Phillips
http://www.rogersmushrooms.com（Accessed 16 May 2016）

The Private Life of Plants（*DVD*）
David Attenborough
2012

索引

图片提供

图书在版编目（CIP）数据

家庭园艺手册：一部回答各类有趣问题的园艺师指南 /（英）盖伊·巴特著；燕子译 . — 北京：中国科学技术出版社，2024.8. — ISBN 978-7-5236-0838-8

Ⅰ .S68-62

中国国家版本馆 CIP 数据核字第 20241WF250 号

著作权登记号 01-2024-3155

Original title: RHS How Do Worms Work? Revised and Updated Edition.
Author: Guy Barter
Published in association with the Royal Horticultural Society
Simplified Chinese edition arranged through Gending Rights Agency

策划编辑	徐世新
责任编辑	向仁军
封面设计	麦莫瑞文化
版式设计	麦莫瑞文化
责任校对	邓雪梅
责任印制	李晓霖

出　　版	中国科学技术出版社
发　　行	中国科学技术出版社有限公司
地　　址	北京市海淀区中关村南大街 16 号
邮　　编	100081
发行电话	010-62173865
传　　真	010-62173081
网　　址	http://www.cspbooks.com.cn

开　　本	889mm×1194mm　1/32
字　　数	185 千字
印　　张	7.25
版　　次	2024 年 8 月第 1 版
印　　次	2024 年 8 月第 1 次印刷
印　　刷	北京华联印刷有限公司
书　　号	ISBN 978-7-5236-0838-8/S·798
定　　价	68.00 元